教育部国家职业教育专业教学资源库建设项目教材

传感器原理及应用技术

刘成刚 李常峰 主 编

郭振慧 李 翠 任国华 刘晓阳 副主编

电子工业出版社
Publishing House of Electronics Industry
北京·BEIJING

内 容 简 介

本书以典型项目为依托，以生产生活中常见的力、位移、位置、速度、温度、气体、湿度等的测量为主线编写，通过任务描述、任务分析、知识引入、任务实施、任务评价和任务拓展环节，全面介绍传感器的基本原理、参数选择、检测方法、典型电路及安装调试等内容。每个项目末尾均有项目梳理思维导图、项目自测，便于读者及时梳理总结、检查所学知识。

本书内容精简、逻辑清晰、图表规范、通俗易懂，符合认知规律。

本书可以作为高职高专院校电子信息、物联网、电气自动化、机电技术等专业的教材，也可以供生产、运行人员和相关工程技术人员参考学习。

未经许可，不得以任何方式复制或抄袭本书之部分或全部内容。
版权所有，侵权必究。

图书在版编目（CIP）数据

传感器原理及应用技术 / 刘成刚，李常峰主编. -- 北京：电子工业出版社，2024.6
ISBN 978-7-121-48025-6

Ⅰ. ①传… Ⅱ. ①刘… ②李… Ⅲ. ①传感器－教材 Ⅳ. ①TP212

中国国家版本馆 CIP 数据核字(2024)第 111876 号

责任编辑：郭乃明　　特约编辑：田学清
印　　刷：涿州市京南印刷厂
装　　订：涿州市京南印刷厂
出版发行：电子工业出版社
　　　　　北京市海淀区万寿路 173 信箱　邮编：100036
开　　本：787×1092　1/16　印张：11.75　字数：286 千字
版　　次：2024 年 6 月第 1 版
印　　次：2024 年 6 月第 1 次印刷
定　　价：35.00 元

凡所购买电子工业出版社图书有缺损问题，请向购买书店调换。若书店售缺，请与本社发行部联系，联系及邮购电话：（010）88254888，88258888。
质量投诉请发邮件至 zlts@phei.com.cn，盗版侵权举报请发邮件至 dbqq@phei.com.cn。
本书咨询联系方式：（010）88254561，guonm@phei.com.cn。

前　言

本书以习近平新时代中国特色社会主义思想为指导，紧紧围绕"培养什么人，怎么培养人，为谁培养人"这一根本问题展开，为了适应现代职业教育的特点和学生的认知规律，在每个项目中都设有融入思政元素的素质目标，提升立德树人的效果。本书在内容安排上，坚持"普职融通、产教融合、科教融汇"的原则，积极融入传感器应用领域的新技术、新工艺和新方法，努力做到与生产实际融通、与职业岗位技能要求融通，为学生今后从事生产一线的技术、管理、维护和运行技术工作提供系统性的传感器技术的基本知识与基本技能。

编者在本书的编写过程中，与多家企业进行了紧密合作，并紧扣教育部课程改革的要求，使得本书具有以下特点。

（1）在总内容的安排上，采用"项目—任务"的模式，将同一被测量放在同一项目中，每个任务介绍一种传感器的应用。

（2）在每个任务中，以传感器应用为主线，结合传感器的原理、技术参数及选用原则，并通过具体的电路来加深对内容的理解。

（3）在每个任务的内容组织上，适当保留传统的理论知识（放在整个内容的最后），将每种传感器的应用电路放在前面，突出传感器的应用性。

（4）通过案例载体展开，除项目1的3个任务外，其他每个任务都由任务描述、任务分析、知识引入、任务实施、任务评价、任务拓展环节组成，更有利于学生系统地学习。

（5）在本书编写过程中，打破了传统的知识体系，将理论知识和实际操作合二为一，理论与实践一体化，体现了"学中做"和"做中学"，让学生在做中学习，并在做中发现规律，获取知识。

本书共8个项目，包括传感器基础、力的测量、位移的测量、位置的测量、速度的测量、温度的测量、气体的测量和湿度的测量。此外，本书还对传感器的相关检测知识、电路转换及信息处理技术进行了阐述，加强了实训安排，项目以具体的应用实物为依托，提高了学生学习的积极性和主动性，以实际产品为工作任务载体，讲授相应理论知识，训练传感器应用系统的设计、制作、调试等专业能力，培养学生方法能力和社会能力，体现了针对性和适用性。

本书基于校企合作组建编写团队，配套建设有微课、视频等多形态教学资源，基于二维码链接，满足移动学习、泛在学习等需求，是一本具有互动性、新形态、数字化特征的教材。本书在内容组织上力求全面贯彻落实党的二十大精神，加快推进党的二十大精神进教材、进课堂、进头脑。在学习目标部分专门设置了素质目标，以提升学生思政水平及综合素质。

本书由济南职业学院刘成刚、李常峰担任主编，济南职业学院郭振慧、李翠、任国华、刘晓阳担任副主编，济南职业学院沈丹丹、张欣、徐春雨及山东省特种设备检验研究院集团有限公司戴家辉参加编写。在本书的编写过程中参阅了多种同类教材、专著和企业的应用实例。本书的撰写、校核、审稿和编辑工作得到了许多老师的热情帮助，也得到了编者所在院校领导的关心和支持，在此谨向大家致以诚挚的感谢。

本书是教育部国家职业教育专业教学资源库建设项目配套建材，是国家级教学资源库的建设成果之一。

由于编者水平有限，书中难免存在疏漏和不足之处，敬请广大读者予以批评指正。

编　者

目 录

项目 1 传感器基础 ·· 1
任务 1 传感器的基本知识 ·· 2
一、认识传感器 ·· 2
二、传感器的定义 ·· 2
三、传感器的组成 ·· 3
四、传感器的分类 ·· 3
五、传感器的命名和代号 ·· 5
任务 2 传感器的相关知识 ·· 7
一、传感器的特性 ·· 7
二、传感器的选用 ··· 10
三、传感器的应用及发展趋势 ··· 11
任务 3 测量的基本知识 ··· 14
一、测量的定义和分类 ··· 14
二、误差的定义和分类 ··· 15
【项目梳理思维导图】 ··· 18
【项目实训】 ·· 18
【项目自测】 ·· 19

项目 2 力的测量 ·· 21
任务 1 质量的测量 ··· 22
一、任务描述 ·· 22
二、任务分析 ·· 22
三、知识引入 ·· 22
四、任务实施 ·· 33
五、任务评价 ·· 34
六、任务拓展 ·· 35
任务 2 振动的测量 ··· 37
一、任务描述 ·· 37
二、任务分析 ·· 37
三、知识引入 ·· 37
四、任务实施 ·· 47
五、任务评价 ·· 49
六、任务拓展 ·· 49
【项目梳理思维导图】 ··· 51

　　　　【项目实训】 52
　　　　【项目自测】 58
　　项目 3　位移的测量 62
　　　　一、任务描述 63
　　　　二、任务分析 63
　　　　三、知识引入 63
　　　　四、任务实施 67
　　　　五、任务评价 69
　　　　六、任务拓展 69
　　　　【项目梳理思维导图】 82
　　　　【项目实训】 82
　　　　【项目自测】 84
　　项目 4　位置的测量 87
　　　　一、任务描述 88
　　　　二、任务分析 88
　　　　三、知识引入 88
　　　　四、任务实施 97
　　　　五、任务评价 99
　　　　六、任务拓展 99
　　　　【项目梳理思维导图】 107
　　　　【项目实训】 107
　　　　【项目自测】 108
　　项目 5　速度的测量 111
　　　　一、任务描述 112
　　　　二、任务分析 112
　　　　三、知识引入 112
　　　　四、任务实施 116
　　　　五、任务评价 118
　　　　六、任务拓展 118
　　　　【项目梳理思维导图】 128
　　　　【项目实训】 128
　　　　【项目自测】 130
　　项目 6　温度的测量 132
　　　　一、任务描述 133
　　　　二、任务分析 133
　　　　三、知识引入 133
　　　　四、任务实施 136
　　　　五、任务评价 138
　　　　六、任务拓展 138

【项目梳理思维导图】……149
　　【项目实训】……150
　　【项目自测】……153

项目7　气体的测量……155
　　一、任务描述……156
　　二、任务分析……156
　　三、知识引入……156
　　四、任务实施……159
　　五、任务评价……161
　　六、任务拓展……161
　　【项目梳理思维导图】……163
　　【项目实训】……164
　　【项目自测】……164

项目8　湿度的测量……166
　　一、任务描述……167
　　二、任务分析……167
　　三、知识引入……167
　　四、任务实施……171
　　五、任务评价……174
　　六、任务拓展……174
　　【项目梳理思维导图】……176
　　【项目实训】……177
　　【项目自测】……177

附录……179

参考文献……180

项目 1　传感器基础

传感器是一个专业术语，从字面理解，它有"感"和"传"的能力。传统的传感器具有"感"（感知物理量变化）的能力，不具备"传"（传输）的能力；现代智能传感器则具有"感"和"传"的能力，除了感知部分，还具有处理器和通信部分，具备数据处理和通信的能力。

现代信息技术包括计算机技术、通信技术和传感器技术等，计算机相当于人的大脑，通信相当于人的神经，而传感器则相当于人的感觉器官。如果没有各种精确可靠的传感器去检测原始数据并提供真实的信息，那么即使是性能非常优越的计算机，也无法发挥其应有的作用。

本项目包括三个学习任务：任务 1 为传感器的基本知识，任务 2 为传感器的相关知识，任务 3 为测量的基本知识。

知识目标

1．掌握传感器的定义、组成和作用。
2．掌握传感器静态特性的主要性能指标。
3．熟悉传感器的分类、命名和选用。
4．掌握测量和误差的定义。
5．了解测量和误差的分类。

技能目标

1．能识别常用传感器并进行简单的质量鉴别。
2．能熟练运用常用的测量仪器。
3．能够进行简单的误差计算。
4．能对测量数据进行分析和整理。

素质目标

1．弘扬爱国主义精神。
2．弘扬求真的科学精神。
3．培育团队合作意识。

任务1 传感器的基本知识

一、认识传感器

传感器主要用于完成信号的检测与转换。传感器技术已经遍布各行各业、各个领域，如工业生产、科学研究、现代医学、现代农业、国防科技、家用电器，甚至儿童玩具中也少不了传感器。在日常生活中，我们大量使用传感器，如电视遥控器利用红外接收、发射传感器控制电视机；家用电冰箱、空调利用温度传感器实现温度控制。在自动检测和控制系统中，传感器技术对系统各项功能的实现起着重要的作用。自动化程度越高，系统对传感器的依赖越大。

传感器检测涉及的范围很广，常见的传感器检测涉及的内容如表1-1所示。

表1-1 常见的传感器检测涉及的内容

被测量类型	被 测 量	被测量类型	被 测 量
机械量	速度、加速度、转速、应力、应变、力矩、振动等	热工量	温度、热量、比热容、压强、物位、液位、界面、真空度等
几何量	长度、厚度、角度、直径、平行度、形状等	物质成分量	气体、液体、固体的化学成分、浓度、湿度等
电量	电压、电流、功率、电阻、阻抗、频率、相位、波形、频谱等	状态量	运动状态（启动、停止等）和异常状态（过载、超温、变形、堵塞等）

二、传感器的定义

根据国家标准《传感器通用术语》（GB/T 7665—2005）的规定，传感器的定义是："能感受被测量并按照一定的规律转换成可用输出信号的器件或装置。"

01 传感器的定义与组成

这一定义包含以下几方面的意思。

（1）传感器是一种测量装置，能完成检测任务，应用传感器主要是为了获得被测量的准确信息。

（2）传感器的输入量是某被测量，可以是物理量，也可以是化学量、生物量等。

（3）传感器定义中的"可用输出信号"是指便于传输、转换及处理的信号，主要包括气、光、电等，这里主要指电信号（电压、电流、频率），而被测量一般为非电信号，主要包括物理量、化学量、生物量等。在工程中常见的需要测量的非电量有力、压力、温度、速度、位移、转速、浓度等，正是由于这类非电信号不能像电信号那样由电工仪表或电子仪器来直接测量，因而需要利用传感器技术来实现由非电量到电量的转换。

（4）传感器的输入和输出信号要有一定的对应关系，并且要保证一定的精度。

由于传感器检测的信号种类繁多，为了对各种各样的信号进行检测及控制，必须获得尽量简单且易于处理的信号，这样的要求只有电信号能够满足。电信号能够比较容易地进行放大、反馈、滤波、微分、存储、远距离操作等。

因此传感器又可狭义地定义为将外界输入的非电信号转换成电信号的一种装置。

三、传感器的组成

按照传感器的基本定义,传感器实际上是一种功能模块,其作用是将来自外界的各种非电信号转换成电信号,实现非电量的检测。

传感器一般由敏感元件、转换元件、测量转换电路三部分组成,有时还需要外加辅助电源来提供转换能量。传感器的组成框图如图 1-1 所示。

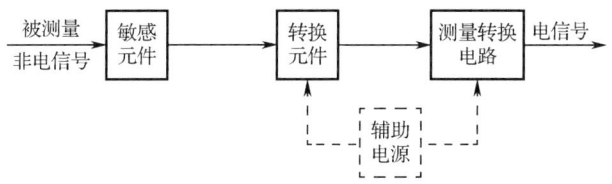

图 1-1 传感器的组成框图

1. 敏感元件

敏感元件是传感器中能直接感受被测量的部分,即直接感受被测量,并输出与被测量呈确定关系的某物理量。例如,弹性敏感元件将压力转换成位移,且压力与位移之间保持一定的函数关系。

2. 转换元件

转换元件是传感器中将敏感元件输出的非电信号转换成适用于传输和测量的电信号的部分。例如,应变式压力传感器中的电阻应变片可以将应变转换成电阻的变化。

3. 测量转换电路

测量转换电路(又称转换电路或信号调节电路)将传感器的输出信号转换成便于测量的电压、电流、频率等电信号,如交直流电桥、放大器、振荡器及电荷放大器等。

应注意,并不是所有的传感器必须同时包括敏感元件和转换元件。如果敏感元件直接输出电信号,则其兼转换元件,如热电偶;如果转换元件能直接感受被测量而输出与之呈一定关系的电量,则传感器就没有敏感元件,如压电元件。

四、传感器的分类

根据某种原理设计的传感器可以同时检测多种物理量,而有时一种物理量又可以用几种传感器进行测量,传感器有多种分类方法,但目前尚无一个统一的分类方法,比较常用的分类方法有如下几种。

02 传感器的分类和命名方式

(1)按传感器的被测量分类,可分为位移、力、速度、温度、湿度、流量、气体成分等传感器。

(2)按传感器的工作原理分类,可分为电阻、电容、电感、电压、霍尔、光电、光栅、热电偶等传感器。

(3)按传感器输出信号的性质分类,可分为输出为开关量("1"和"0"或"开"和"关")的开关型传感器、模拟型传感器、输出为脉冲或代码的数字型传感器。

（4）按传感器转换能量的供给形式分类，可分为能量变换型（发电型）和能量控制型（参量型）传感器两种。能量变换型传感器在进行信号转换时不需要另外提供能量，就可将输入信号能量变换为另一种形式的能量输出，如热电偶传感器、压电式传感器等。能量控制型传感器工作时必须外加电源，如电阻、电感、电容及霍尔传感器等。

（5）按传感器的工作机理分类，可分为结构型和物性型传感器。结构型传感器指被测量变化时引起传感器的结构发生变化，从而引起输出电量的变化。例如，电容压力传感器当外加压力变化时，电容极板发生位移而使结构改变，从而引起电容和输出电压发生变化。物性型传感器利用物质的物理或化学特性随被测量变化而改变的原理工作，一般没有可动结构部分，易小型化，如各种半导体传感器。传感器按转换原理分类的典型应用如表 1-2 所示。

表 1-2 传感器按转换原理分类的典型应用

传感器分类		转换原理	传感器名称	典型应用
转换形式	中间参量			
电参量	电阻	移动电位器触点改变电阻	电位器式传感器	位移
		改变电阻丝/片的尺寸	电阻应变式传感器	微应变、力、负荷
		电阻的温度效应（电阻温度系数）	热丝式流量传感器	气流速度、液体流量
			热电阻式温度传感器	温度、辐射热
			热敏电阻传感器	温度
		电阻的光敏效应	光敏电阻传感器	光强
		电阻的湿度效应	湿敏传感器	湿度
	电容	改变电容的几何尺寸	电容式传感器	力、压力、负荷、位移
		改变电容的介电常数		液位、厚度、含水量
	电感	改变磁路几何尺寸、导磁体位置	电感式传感器	位移
		涡流去磁效应	电涡流式传感器	位移、厚度、硬度
		利用压磁效应	压磁式传感器	力、压力
		改变互感	差动变压器式传感器	位移
			自整角机	位移
			旋转变压器	位移
	频率	改变谐振回路中的固有参数	振弦式传感器	压力、力
			振筒式传感器	气压
			石英谐振式传感器	力、温度等
	计数	利用莫尔条纹	光栅传感器	大角位移、大直线位移
		改变互感	感应同步器	
		利用数字编码	角度编码器	
	数字	利用数字编码	角度编码器	大角位移

续表

传感器分类		转换原理	传感器名称	典型应用
转换形式	中间参量			
电量	电动势	温差电动势	热电偶传感器	温度、热流
		霍尔效应	霍尔传感器	磁通、电流
		电磁感应	电磁式传感器	速度、加速度
		光电效应	光电传感器	光强
	电荷	辐射电离	电离室	离子计数、放射性强度
		压电效应	压电式传感器	动态力、加速度

五、传感器的命名和代号

1. 传感器的命名

传感器的名称由主题词加四级修饰语构成，介绍如下。

（1）主题词——传感器。

（2）第一级修饰语——被测量，包括修饰被测量的定语。

（3）第二级修饰语——转换原理，一般可后续以"式"字。

（4）第三级修饰语——特征描述，指必须强调的传感器结构、性能、材料特征、敏感元件及其他必要的性能特征，一般可后续以"型"字。

（5）第四级修饰语——主要技术指标（量程、精确度和灵敏度等）。

传感器的名称构成如表1-3所示。

表1-3 传感器的名称构成

主题词	第一级修饰语	第二级修饰语	第三级修饰语	第四级修饰语	
				主要技术指标	单位
传感器	速度	电位器[式]	直流输出[型]		
	加速度	电阻[式]	交流输出[型]		
	加加速度	电流[式]	频率输出[型]		
	冲击	电感[式]	数字输出[型]		
	振动	电容[式]	双输出[型]		
	力	电涡流[式]	放大[型]		
	质量（称重）	电热[式]	离散增量[型]		
	压力	电磁[式]	积分[型]		
	声压	电化学[式]	开关[型]		
	力矩	电离[式]	陀螺[型]		
	姿态	压电[式]	涡轮[型]		
	位移	压阻[式]	齿轮转子[型]		
	液位	应变[式]	振动元件[型]		
	流量	谐振[式]	波纹管[型]		
	温度	伺服[式]	波登管[型]		

续表

主 题 词	第一级修饰语	第二级修饰语	第三级修饰语	第四级修饰语	
				主要技术指标	单 位
传感器	热流 热通量 可见光 光照度 湿度 黏度 浊度 离子活[浓]度 电流 磁场 马赫数 射线	磁阻[式] 光电[式] 光化学[式] 光纤[式] 激光[式] 超声[式] （核）辐射[式] 热电[式] 热释电[式]	膜盒[型] 膜片[型] 离子敏感FET[型] 热丝[型] 半导体[型] 陶瓷[型] 聚合物[型] 固体电解质[型] 自源[型] 粘贴[型] 非粘贴[型] 焊接[型]		

传感器命名的用法如下。

（1）题目中的用法。在有关传感器的统计表格、图书索引、检索及计算机汉字处理等特殊场合，应采用上述顺序，如传感器位移应变式 100mm。注：[]内的词，在不引起混淆时，可省略。

（2）正文中的用法。在技术文件、产品样本、学术论文、教材及书刊的陈述句子中，作为产品名称应采用与上述相反的顺序，如 100mm 应变式位移传感器。

2. 传感器的代号

国家标准规定，用汉语拼音的大写字母和阿拉伯数字构成传感器的代号，包括以下 4 个部分。

（1）主称——传感器，代号 C。

（2）被测量——用一个或两个汉语拼音的第一个大写字母标记。

（3）转换原理——用一个或两个汉语拼音的第一个大写字母标记。

（4）序号——用一个阿拉伯数字标记，厂家自定，用来表征产品的设计特性、性能参数和序列等。若产品的性能参数不变，仅在局部有改动或变动，则其序号可在原序号后面顺序地加注大写字母 A、B、C 等（其中 I、Q 不用），如应变位移传感器 CWY-YB-20、光纤压力传感器 CY-GQ-2。

常用被测量代号如表 1-4 所示。

表1-4 常用被测量代号

被测量	代号	被测量	代号	被测量	代号	被测量	代号
加速度	A	角速度	JS	电流	DL	位置	WZ
加加速度	AA	角位移	JW	电场强度	DQ	应力	YL
亮度	AD	力	L	电压	DY	液位	YW
磁	C	露点	LD	色度	E	浊度	Z

续表

被测量	代号	被测量	代号	被测量	代号	被测量	代号
冲击	CJ	力矩	LJ	谷氨酸	GA	振动	ZD
磁透率	CO	流量	Lλ	温度	H	紫外光	ZG
磁场强度	CQ	离子	LZ	光照度	HD	质量（称重）	ZL
磁通量	CT	密度	M	红外光	HG	真空度	ZK
呼吸频率	HP	[气体]密度	[Q]M	离子活[浓]度	H[N]	噪声	ZS
转速	HS	[液体]密度	[Y]M	声压	SY	姿态	ZT
硬度	I	脉搏	MB	图像	TX	氢离子活[浓]度	[H]H[N]D
线加速度	IA	马赫数	MH	温度	W	钠离子活[浓]度	[Na]H[N]D
线速度	IS	表面粗糙度	MZ	[体]温	[T]W	氯离子活[浓]度	[CL]H[N]D
角度	J	黏度	N	物位	WW	氧分压	[O]
角加速度	JA	扭矩	NJ	位移	WY	一氧化碳分压	[CO]
可见光	JG	厚度	O	热流	RL	水分	SF
烧蚀厚度	SO	pH 值	(H)	速度	S	射线剂量	SL
射线	SX	气体	Q	热通量	RT		

任务 2 传感器的相关知识

03 传感器的特性

一、传感器的特性

传感器所测的被测量经常处在变动过程中。例如，测量温度时，若温度恒定，则传感器的输出可能十分稳定；若温度不恒定甚至产生突变，则传感器的输出可能有缓慢起伏或周期性脉动变化，甚至产生突变的尖峰值。传感器能否将这些被测量的变化不失真地转换成相应的电量，主要由传感器的特性决定。

传感器的特性主要指输出与输入之间的关系，分为静态特性和动态特性两种。

1. 传感器的静态特性

传感器的静态特性是指当输入为常量或变化极慢时，传感器的输出与输入之间的关系。因为输入和输出都和时间无关，所以它们之间的关系，即传感器的静态特性可用一个不含时间变量的代数方程，或者以输入为横坐标，以与其对应的输出为纵坐标而画出的特性曲线来描述。对于静态特性，传感器的输入 x 与输出 y 之间的关系通常表示为

$$y = a_0 + a_1 x + a_2 x^2 + \cdots + a_n x^n \tag{1-1}$$

式中，a_0——输入 x 为零时的输出；

$a_1, a_2, \cdots, a_n$——非线性项系数，决定了特性曲线的具体表现形式。

表征传感器静态特性的主要参数有灵敏度、线性度、分辨力、重复性、迟滞、测量范围、量程、稳定性与漂移。

(1) 灵敏度（Sensitivity）。

灵敏度是指传感器输出变化 Δy 对输入变化 Δx 的比值。它是输出与输入特性曲线的斜率，如图 1-2 所示。其计算公式为

$$K = \frac{\Delta y}{\Delta x} \qquad (1\text{-}2)$$

如果传感器的输出与输入之间呈线性关系，则灵敏度 K 是一个常数。否则，它将随输入的变化而变化。

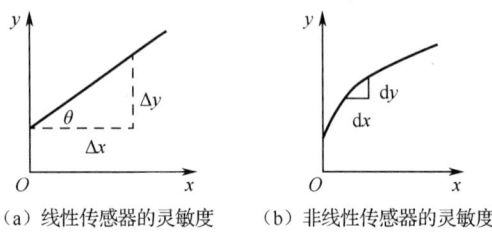

（a）线性传感器的灵敏度　　（b）非线性传感器的灵敏度

图 1-2　传感器的灵敏度

灵敏度的量纲是输出与输入的量纲之比。例如，某位移传感器，在位移变化 1mm 时，输出电压变化 200mV，则其灵敏度应表示为 200mV/mm。当传感器的输出与输入的量纲相同时，灵敏度可理解为放大倍数。提高灵敏度，可得到较高的测量精度。但灵敏度越高，测量范围越窄，稳定性也往往越差。

(2) 线性度（Linearity）。

线性度是指传感器的校准曲线与选定的拟合直线之间的偏离程度，又称非线性误差。

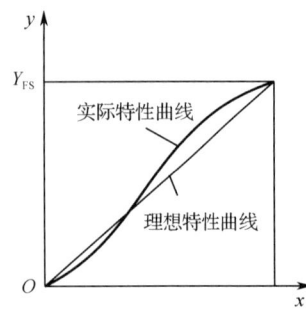

图 1-3　传感器的线性度

通常情况下，传感器的实际特性曲线是一条曲线而非直线，如图 1-3 所示。在实际工作中，为使仪表具有均匀刻度的读数，常用一条拟合直线（理想特性曲线）近似地代表实际特性曲线，线性度就是这个近似程度的一个性能指标。理想特性曲线的选取有多种方法，如将零输入和满量程输出点相连的理论直线作为理想特性曲线。常用的有切线法、过零旋转法、端点法、端点平移法、最小二乘法等。即使是同类传感器，理想特性曲线不同，其线性度也是不同的，用最小二乘法求取的理想特性曲线的拟合精度最高（理想特性曲线是一种技术，通过把给出的一系列数据点(x,y)全部连接在一起，连接上一条最适合该点的直线）。拟合方法如图 1-4 所示。线性度的计算公式为

$$\gamma_L = \pm \frac{\Delta L_{max}}{Y_{FS}} \times 100\% \qquad (1\text{-}3)$$

式中，ΔL_{max} ——实际特性曲线和理想特性曲线之间的最大差值；

Y_{FS} ——满量程输出。

(3) 分辨力（Resolution）。

分辨力是指传感器可以感受到的被测量的最小变化的能力。也就是说，如果输入从某一非零值开始缓慢变化，当输入变化量未超过分辨力时，传感器的输出不会发生变化，即

传感器对此输入变化量是分辨不出来的。只有当输入变化量超过分辨力时,输出才会发生变化。

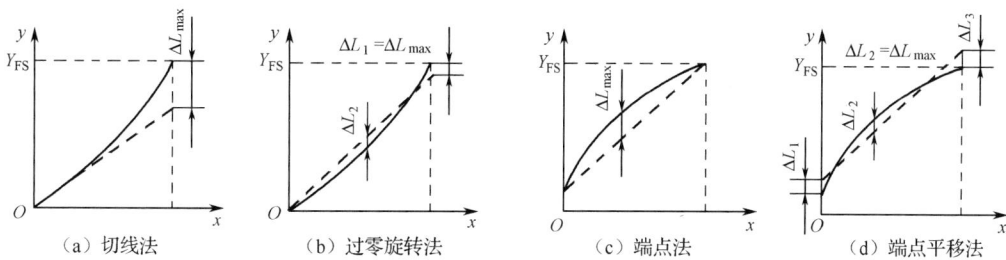

图 1-4 拟合方法

通常传感器在满量程内各点的分辨力并不相同,因此常用满量程中能使输出产生阶跃性变化的输入中的最大变化量作为衡量分辨力的指标,上述指标若用满量程的百分比表示,则称为分辨率。

(4)重复性(Repeatability)。

重复性是指传感器在输入按同一方向做全量程多次测量时,所得特性曲线不一致的程度,如图 1-5 所示。其计算公式为

$$\gamma_R = \pm \frac{\Delta R_{max}}{Y_{FS}} \times 100\% \qquad (1-4)$$

式中,ΔR_{max} ——多次测量所得特性曲线之间的最大差值。

(5)迟滞(Hysteresis)。

迟滞是指传感器在正向行程(输入增大)和反向行程(输入减小)期间,特性曲线不一致的程度,如图 1-6 所示。其计算公式为

$$\gamma_H = \frac{\Delta H_{max}}{Y_{FS}} \times 100\% \qquad (1-5)$$

式中,ΔH_{max} ——正向行程和反向行程特性曲线之间的最大差值。

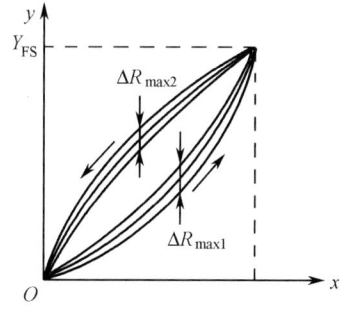

图 1-5 传感器的重复性

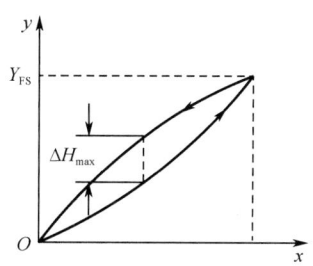

图 1-6 传感器的迟滞

(6)测量范围(Measuring Range)。

测量范围是指传感器所能测量到的最小输入 X_{min} 与最大输入 X_{max} 之间的范围。

（7）量程（Span）。

量程是指最大输入 X_{max} 与最小输入 X_{min} 的差值 $X_{max} - X_{min}$。

（8）稳定性与漂移。

稳定性有长期和短期之分，一般指一段时间以后，传感器的输出和初始标定时的输出之间的差值。通常用不稳定度来表征其输出的稳定程度。

漂移是指在外界干扰下，输出出现与输入无关的变化。漂移有很多种，如时间漂移、温度漂移等。时间漂移指在规定的条件下，零点或灵敏度随时间发生变化；温度漂移指环境温度变化而引起的零点或灵敏度的变化。

2. 传感器的动态特性

在实际测量中，不仅要求传感器具有良好的静态特性，还应具有良好的动态特性。动态特性是指当输入随时间较快变化时，输出与输入之间的关系。在动态测量时，由于被测量随时间变化，此时传感器如果不能快速响应并正确提取信号，测量工作就无法进行。例如，在做人体的心电图检查时，如果不能准确地将心脏随时间跳动的状况及时检测出来并迅速打印，就不能为医生的诊断提供依据。

动态特性良好的传感器，其输出随时间变化的规律将高精度地反映输入随时间变化的规律，即它们具有同一个时间函数。但是，除了理想情况，实际传感器的输出与输入不会具有相同的时间函数，由此将引起动态误差。

动态特性常用阶跃响应（最大偏离量、上升时间、峰值时间、响应时间）和频率响应（幅频特性、相频特性）来描述。

二、传感器的选用

现代传感器在原理与结构上千差万别，如何根据具体的测量目的、测量对象及测量环境合理地选用传感器，是在对某一物理量进行测量时首先要考虑的问题。当传感器确定之后，与之配套的测量方法和测量设备也就可以确定了。测量结果的成败，在很大程度上取决于传感器的选用是否合理。

04 传感器的选用

1. 根据测量对象与测量环境选用传感器

要进行具体的测量工作，首先考虑选用哪种原理的传感器，这需要分析多方面的因素之后才能确定。因为，即使是测量同一物理量，也有多种原理的传感器可供选用，哪种原理的传感器更为合适，需要根据被测量的特点和传感器的使用条件考虑以下问题：量程的大小；测量位置对传感器体积的要求；测量方式是接触式还是非接触式；信号的引出方法是有线还是无线。在考虑上述问题之后就能确定选用哪种原理的传感器，再考虑传感器的具体性能指标。

2. 灵敏度

通常，在传感器的线性范围内，希望传感器的灵敏度越高越好。因为只有当灵敏度高时，与被测量变化对应的输出才比较大，有利于信号处理。但要注意的是，传感器的灵敏度越高，与被测量无关的外界噪声越容易混入，也越容易被放大系统放大，影响测量精度。

项目1 传感器基础

3. 频率响应特性

传感器的频率响应特性决定了被测量的频率范围，必须在允许的频率范围内保持不失真的测量条件。实际上，传感器的响应总有不定延迟，希望延迟时间越短越好。传感器的频率响应越高，被测量的频率范围就越宽，而由于受到结构特性的影响，机械系统的惯性较大，固有频率低的传感器被测量的频率较低。

4. 线性范围

传感器的线性范围是指输出与输入成正比的范围。理论上讲，在此范围内，灵敏度保持定值。传感器的线性范围越宽，其量程越大，并且能保证一定的测量精度。在选用传感器时，当传感器的类型确定以后，首先要看其量程是否满足要求。但实际上，任何传感器都不能保证绝对的线性，其线性度也是相对的。当所要求的测量精度比较低时，在一定范围内，可将非线性误差较小的传感器近似看作线性的，这会给测量带来极大的方便。

5. 稳定性

传感器使用一段时间后，其性能保持不变的能力称为稳定性。影响传感器稳定性的因素除了传感器本身的结构，还有传感器的使用环境。因此，要想具有良好的稳定性，传感器必须有较强的环境适应能力。在选用传感器之前，应对其使用环境进行调查，并根据具体的使用环境选用合适的传感器，或者采取适当的措施，减小环境的影响。传感器的稳定性有定量指标，超过使用期后，在使用前应重新进行标定，以确定传感器的性能是否发生变化。在某些要求传感器能长期使用而又不能轻易更换或标定的场合，对所选用的传感器的稳定性要求更严格，要能够经受住长时间的考验。

6. 精度

精度是传感器的一个重要性能指标，是关系到整个测量系统测量精度的一个重要环节。传感器的精度越高，其价格越昂贵，因此，传感器的精度只需满足整个测量系统的精度要求，不必选得过高。这样就可以在满足同一测量目的的诸多传感器中选用比较便宜和简单的传感器。如果测量目的是定性分析，那么选用重复精度高的传感器，不宜选用绝对量值精度高的；如果测量目的是定量分析，必须获得精确的测量值，就需要选用精度等级能满足要求的传感器。对于某些特殊的使用场合，若无法选用合适的传感器，则需要自行设计并制造传感器。自制传感器的性能应满足使用要求。

三、传感器的应用及发展趋势

1. 传感器的应用

（1）在工业生产过程的测量与控制领域中的应用。

05 传感器的应用及发展趋势

在工业生产过程中，必须对温度、压力、流量、液位和气体成分等参数进行检测，从而实现对工作状态的监控。诊断生产设备的各种情况，使生产系统处于最佳状态，从而保证产品质量，提高效益。目前，传感器与微机（微型计算机）、通信等技术的结合渗透，使工业监测自动化，更具有准确、效率高等优点。如果没有传感器，现代工业生产程度将会大大降低。

(2) 在现代医学领域中的应用。

现代医学需要快速、准确地获取相关信息，医学传感器作为拾取生命体征信息的装置，其作用日益显著，并得到了广泛应用。例如，在图像处理、临床化学检验、生命体征参数的监护监测、疾病的诊断与治疗等方面，传感器的应用十分普及。传感器在现代医学仪器设备中已无所不在。

(3) 在汽车电控系统中的应用。

随着人们生活水平的提高，汽车逐渐走进千家万户。汽车的安全舒适、低污染、高燃率等特性使其越来越受到社会重视，而传感器在汽车中相当于感官和触角。只有通过传感器才能准确地采集汽车工作状态的信息，提高自动化程度。传感器主要分布在发动机控制系统、底盘控制系统和车身控制系统中。普通汽车上装有 10~20 个传感器，而高级豪华汽车使用的传感器多达 300 余个。因此，传感器作为汽车电控系统的关键部件，将直接影响汽车技术性能的发挥。

(4) 在环境监测领域中的应用。

近年来，环境污染问题日益严重，人们迫切希望拥有一种能对污染物进行连续、快速、在线监测的仪器，传感器满足了人们的要求。目前，已有相当一部分生物传感器应用于环境监测，如大气监测传感器。二氧化硫是酸雨形成的主要原因，传统的检测方法很复杂，现在将亚细胞结构脂类固定在醋酸纤维膜上，加入氧电极制成生物传感器，可对酸雨样品溶液进行检测，大大简化了检测方法。

(5) 在军事领域中的应用。

传感器技术在军用电子系统中的应用促进了武器、作战指挥、控制、监视和通信方面的智能化。传感器在远方战场监视系统、防空系统、雷达系统、导弹系统等方面，都有广泛的应用，是提高军事战斗力的重要因素。

(6) 在学科研究领域中的应用。

科学技术的不断发展，催生了许多新的学科，无论是宏观的宇宙，还是微观的粒子世界，从未知的现象和规律中获取大量人类感官无法获得的信息，没有相应的传感器是不可能的。

(7) 在智能建筑领域中的应用。

智能建筑是未来建筑的一种必然趋势，它涵盖智能自动化、信息化、生态化等多方面的内容，具有微型集成化、高精度与数字化和智能化特征的智能传感器将在智能建筑中占据重要的地位。

(8) 在家用电器领域中的应用。

20 世纪 80 年代以来，随着以微电子为中心的技术革命的兴起，家用电器正向自动化、智能化、节能、无环境污染的方向发展。自动化和智能化的中心就是研制由微机和各种传感器组成的控制系统。例如，一台空调采用微机控制配合传感器技术，可以实现压缩机的启动与停止、风扇摇头、风门调节、换气等要求，从而对温度、湿度和空气浊度进行控制。随着人们对家用电器方便、舒适、安全、节能等要求的提高，传感器将得到广泛应用。

2. 传感器的发展趋势

科学技术的发展使得人们对传感器技术越来越重视，认识到它是影响人们生活水平的重要因素之一。随着世界各国现代化步伐的加快,对检测技术的要求也越来越高,因此对传感器进行开发成为目前最热门的研究课题之一。而科学技术,尤其是大规模集成电路技术、微机技术、机电一体化技术、微机械和新材料技术的不断进步,大大促进了现代检测技术的发展。传感器的发展趋势主要有以下几方面。

(1) 开发新型传感器。

传感器的工作机理基于各种物理(化学或生物)效应和定律,由此启发人们进一步探索具有新效应的敏感功能材料,并以此为基础研制新型传感器,这是发展高性能、多功能、低成本和小型化传感器的重要途径。

(2) 开发新材料。

传感器材料是传感器技术的重要基础,随着传感器技术的发展,除了早期使用的材料,如半导体材料、陶瓷材料、光导纤维、纳米材料、超导材料等相继问世,人工智能材料更是将我们带入了一个新的天地,它同时具有三个特征:能感知环境条件的变化(传统传感器);识别、判断(处理器);发出指令和自采取行动(执行器)。随着研究的不断深入,未来会有更多、更新的传感器材料被开发出来。

(3) 开发多功能集成化传感器。

传感器集成化有两种含义:一种是同一功能的多元件并列,如目前发展很快的自扫描光电二极管阵列、电荷耦合器件图像传感器(CCD);另一种是功能一体化,即将传感器与放大、运算及温度补偿等环节一体化,组装成一个器件。例如,把压敏电阻、电桥、电压放大器和温度补偿电路集成在一起的单块压力传感器。

多功能是指"一器多能",即一个传感器可以检测两个或两个以上的参数。例如,最近国内研制的硅压阻式复合传感器,可以同时测量温度和压力。

(4) 开发智能传感器。

智能传感器是将传感器与计算机集成在一块芯片上的装置,它将传感器技术、信息处理技术相结合,除了感知的本能,还具有认知能力。例如,将多个具有不同特性的气敏元件集成在一块芯片上,利用图像识别技术进行处理,可得到不同的传感模式,将这些模式所获取的数据进行计算,与被测气体的模式类比推理或模糊推理,可识别出气体的种类和浓度。

(5) 多学科交叉融合。

无线传感器网络是由大量无处不在的、有无线通信与计算能力的微小传感器节点构成的自组织分布式网络系统,是能根据环境自主完成指定任务的"智能"系统。它是涉及微传感器与微机械、通信、自动控制、人工智能等多学科的综合技术,其应用已由军事领域扩展到反恐、防爆、环境监测、医疗保健、家居、商业、工业等领域,有着广泛的应用前景。

(6) 加工技术微精细化。

随着传感器产品质量档次的提升,加工技术的微精细化在传感器的生产中占据越来越重要的地位。微机械加工技术是近年来随着集成电路工艺发展起来的,是将离子束、电子束、激光束和化学刻蚀等用于微电子加工的技术,目前已越来越多地用于传感器制造工艺。另外一个发展趋势是越来越多的生产厂家将传感器作为一种工艺品来精雕细琢。无论是引线还是引线防水接头的出孔,每个角落,每个细节,其制作水平都达到了工艺品级别。

任务3　测量的基本知识

一、测量的定义和分类

1. 测量的定义

06 测量的定义与分类

测量是指借助专门的技术工具或手段，通过实验的方法，把被测量与同性质的标准量进行比较，并确定被测量对标准量的倍数，从而得到测量值的过程。测量值可以用数字表示，也可以用曲线或图形表示。测量的目的是准确地获取表征被测量特征的某些参数的定量信息。测量的结果包括数值大小和测量单位两部分，在测量结果中必须注明单位，否则，测量结果是没有意义的。

2. 测量的分类

测量方法是实现测量过程所采用的具体方法，对于测量方法，从不同的角度，有不同的分类。

（1）根据获得测量值的方法，可分为直接测量和间接测量。

① 直接测量。用事先分度或标定好的测量仪表，直接读取测量值的方法称为直接测量。例如，用电磁式电流表测量电路某支路的电流，用电压表测量电压，用温度计测量温度等，都属于直接测量。直接测量是工程技术中大量采用的方法，其优点是测量过程简单且迅速，但是不易达到很高的测量精度。

② 间接测量。首先对与被测量有确定函数关系的物理量进行测量，然后将测量值代入函数关系式，经过计算得到所需结果，这种测量方法称为间接测量。例如，在测量直流功率时，根据 $P=UI$，先对 U 和 I 进行直接测量，再计算出功率 P。间接测量的手续多，花费时间长，一般用于直接测量不方便或没有相应直接测量仪表的场合。

（2）根据被测量变化的快慢，可分为静态测量和动态测量。

① 静态测量。静态测量是指被测量处于稳定情况下的测量方法。此时，被测量不随时间变化，如工件尺寸的测量。

② 动态测量。动态测量是指被测量处于不稳定情况下的测量方法。此时，被测量随时间变化，这种测量必须瞬时完成，才能得到动态参数的测量结果，如机械振动的测量。

（3）根据测量的精度，可分为等精度测量和非等精度测量。

① 等精度测量。等精度测量是指在同一测量环境下，用相同仪表与测量方法对同一被测量进行多次重复测量的方法。

② 非等精度测量。非等精度测量是指用不同精度的仪表或测量方法，或者在环境条件不同时，对同一被测量进行多次重复测量的方法。

（4）根据测量敏感元件是否与被测量接触，可分为接触测量和非接触测量。

（5）根据测量的具体手段，可分为偏差式测量、零位式测量和微差式测量。

① 偏差式测量。偏差式测量是指在测量过程中，用仪表指针的位移（偏差）来表示被测量的测量方法。

② 零位式测量。零位式测量是指测量时用被测量与标准量相比较，用指零仪表指示被

测量与标准量相等（平衡），从而获得被测量值的方法。

③ 微差测量。微差测量是指偏差式测量和零位式测量相结合的测量方法。它通过测量被测量与标准量之差（通常该差值很小）来得到被测量值。

二、误差的定义和分类

测量值与真值之差称为测量误差，简称误差。

07 测量误差的定义与分类

1. 误差的表示方法

利用任何量具或仪器进行测量时，总存在误差，测量结果总不可能准确地等于被测量的真值，而只是它的近似值。测量的质量高低以测量的精确度为指标，根据误差的大小估计测量的精确度。测量结果的误差越小，认为测量越精确。

① 绝对误差。测量值 A_X 和真值 A_0 之差为绝对误差，记为

$$\Delta = A_X - A_0 \tag{1-6}$$

由于真值 A_0 一般无法求得，因而上式只有理论意义。常用高一级标准仪表的示值作为实际值 A 以代替真值 A_0。由于高一级标准仪表存在较小的误差，因而 A 不等于 A_0，但总比 A_X 更接近 A_0。所以 A_X 与 A 之差称为仪表的示值绝对误差，记为

$$\Delta = A_X - A \tag{1-7}$$

与 Δ 相反的数称为修正值，记为

$$C = -\Delta = A - A_X \tag{1-8}$$

② 相对误差。衡量某测量值的准确程度，一般用相对误差来表示。示值绝对误差 Δ 与实际值 A 的百分比称为实际相对误差，记为

$$\gamma_A = \frac{\Delta}{A} \times 100\% \tag{1-9}$$

以仪表的示值 A_X 代替实际值 A 的相对误差称为示值相对误差，记为

$$\gamma_X = \frac{\Delta}{A_X} \times 100\% \tag{1-10}$$

一般来说，除了某些理论分析，采用示值相对误差较为适宜。

③ 引用误差。为了计算和划分仪表的精确度，提出引用误差的概念。其定义为仪表的示值绝对误差与测量范围之比，记为

$$\gamma_n = \frac{示值绝对误差}{测量范围} \times 100\% = \frac{\Delta}{A_n} \times 100\% \tag{1-11}$$

式中，Δ——示值绝对误差；
A_n——仪表上限-仪表下限。

2. 测量仪表的精确度

测量仪表的精确度是用最大引用误差（又称允许误差）来标明的。它等于仪表的最大示值绝对误差与测量范围之比的百分比，记为

$$S = \frac{最大示值绝对误差}{测量范围} \times 100\% = \frac{\Delta_{\max}}{A_n} \times 100\% \tag{1-12}$$

式中，S——允许误差；
Δ_{max}——最大示值绝对误差；
A_n——仪表上限-仪表下限。

测量仪表的精确度是国家统一规定的，把允许误差中的百分号去掉，剩下的数字就称为仪表的精确度。仪表的精确度常以圆圈内的数字标明在仪表的面板上。例如，某台压力计的允许误差为 1.5%，则这台压力计的精确度就是 1.5，通常简称 1.5 级仪表。我国仪表的精确度分为 7 级：0.1、0.2、0.5、1.0、1.5、2.5、5.0。

仪表的精确度为 a，表明仪表在正常工作条件下，其允许误差的绝对值 δ_{max} 不能超过的界限，记为

$$\delta_{max} = \frac{\Delta_{max}}{A_n} \times 100\% \leq a\% \qquad (1-13)$$

【例1】某压强计的精确度为 2.5，测量范围为 0～1.5MPa，求：
（1）可能出现的允许误差 S。
（2）可能出现的最大绝对误差 Δ_{max}。
（3）测量结果显示为 0.7MPa 时，可能出现的最大示值相对误差 S。

解：（1）可能出现的允许误差可以由精确度直接得到，即 $S = 2.5\%$。

（2）$\Delta_{max} = S \times A_n = \pm 2.5\% \times 1.5\text{MPa}$

$\qquad\quad = \pm 0.0375\text{MPa} = \pm 37.5\text{kPa}$

（3）$S = \frac{\Delta_{max}}{A_n} \times 100\% = \frac{\pm 0.0375}{0.7} \times 100\%$

$\qquad = \pm 5.36\%$

【例2】有两只电压表的精确度及测量范围分别是 0.5 及 0～500V、1.0 及 0～100V，现要测量 80V 的电压，试问应该选用哪只电压表比较好？

解：用 0.5 精确度的电压表测量时，可能出现的最大示值相对误差为

$$\gamma_{X1} = \frac{\Delta_1}{A} \times 100\% = \frac{500 \times 0.5\%}{80} \times 100\% = 3.125\%$$

用 1.0 精确度的电压表测量时，可能出现的最大示值相对误差为

$$\gamma_{X2} = \frac{\Delta_2}{A} \times 100\% = \frac{100 \times 1\%}{80} \times 100\% = 1.25\%$$

计算结果表明，用 1.0 级精确度的电压表比用 0.5 级精确度的电压表的相对误差小，所以更合适。说明在选用仪表的时候，要兼顾精确度和量程。

3. 误差的分类

误差产生的原因多种多样，根据误差的性质和产生的原因，一般分为以下三类。

（1）系统误差。

系统误差是指在相同条件下，多次重复测量同一物理量时，误差的绝对值大小和符号保持不变或按照某种规律变化。如果系统误差保持恒定，则称为恒值系统误差；否则称为变值系统误差。

系统误差产生的原因：测量仪器不良，如刻度不准、仪表零点未校正或标准表本身存在偏差等；周围环境的改变，如温度、压力、湿度等偏离校准值；实验人员的习惯和偏向，如读数偏高或偏低等。针对上述原因，待分别加以校正后，系统误差是可以清除的。

（2）随机误差。

随机误差是指在相同条件下，多次测量同一物理量时，误差的大小和符号以不可预见的方式变化。例如，仪表传动件的间隙和摩擦、连接件的变形、测量温度的波动等因素引起的误差。

随机误差产生的原因不明，因而无法控制和补偿。但是，若对某一物理量做足够多次的等精度测量，则会发现随机误差完全服从统计规律，误差的大小或正负完全由概率决定。因此，随着测量次数的增加，随机误差的算术平均值趋近于零，所以多次测量结果的算术平均值将更接近真值。随机误差反映了测量值离散性的大小。

（3）粗大误差。

粗大误差是指明显偏离真值的误差，又称过失误差。它是一种显然与事实不符的误差，往往是实验人员粗心大意、过度疲劳和操作不正确等原因引起的。此类误差没有规律，通过加强责任感、多方警惕、细心操作，是可以避免的。

4. 精密度、准确度和精确度

反映测量值与真值接近程度的量，称为精确度。它与误差大小相对应，测量的精确度越高，其测量误差就越小。精确度应包括精密度和准确度两层含义。

（1）精密度：测量中测量值重现性的程度。说明测量传感器输出的分散性，即对某一稳定的被测量，由同一测量者用同一个传感器，在相当短的时间内连续重复测量多次，其测量结果的分散程度。精密度高不一定代表准确度高。

（2）准确度：测量值与真值的偏移程度。准确度高不一定代表精密度高。

（3）精确度：精密度和准确度的综合，若精确度高，则精密度和准确度都高。

为了说明精密度与准确度的关系，可用下述打靶子的例子来说明，如图1-7所示。

图1-7（a）表示精密度和准确度都很高，精确度高；图1-7（b）表示精密度很高而准确度低；图1-7（c）表示准确度高而精密度低。

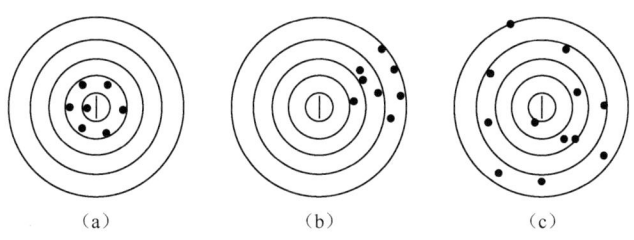

图1-7 精密度和准确度的关系

【项目梳理思维导图】

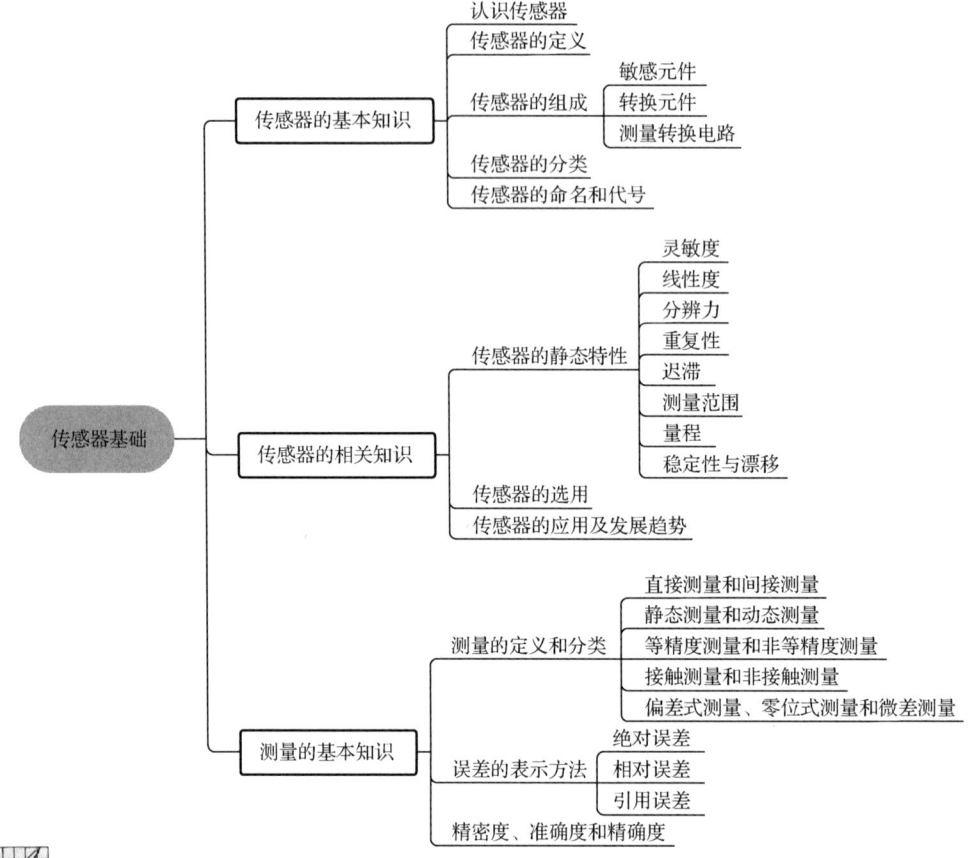

【项目实训】

1. 智能手机上有加速度传感器、磁力计、气压计等传感器，可以实现运动量监测、睡眠质量监测等功能，结合资料，调研智能手机中的传感器，完成表1-5。

表1-5 智能手机中的传感器

你的手机型号：_____

编　号	传感器类型	功　能　描　述
1		
2		
3		
4		
5		
6		
7		

2．传感器类型与性能比较。表1-6中的温度和荷重是我们日常生活中经常遇到的被测量，通过互联网搜索，分别找到能够检测该物理量的三种传感器，查询它们的性能指标。将不同类型传感器的测量范围、灵敏度、精度等指标填入表1-6。通过指标比较，描述检测同一物理量时，不同类型传感器的性能优劣。

表1-6 传感器型号与性能比较

被测量	传感器类型	性能指标			比较
		测量范围	灵敏度	精确度	
温度					
荷重					

【项目自测】

1．填空题

（1）传感器一般由_____、_____、_____三部分组成，是能把外界_____转换成_____的器件和装置。

（2）传感器按照转换能量供给形式分类，可分为_____和_____。

（3）表征传感器静态特性的主要参数有_____、_____、_____、_____、_____、_____和_____。

（4）传感器灵敏度的表达式是_____。

（5）传感器线性度常用的拟合方法有_____、_____、_____、_____。

（6）分辨力是指传感器可以感受到的_____的最小变化的能力。

（7）测量的结果包括_____、_____两部分。

（8）根据获得测量值的方法，可分为_____、_____两种。

2．选择题

（1）若将计算机比喻为人的大脑，则传感器可以比喻为（　　　）。
A．眼睛　　　　　B．感觉器官　　　　　C．手　　　　　D．皮肤

（2）能完成接收和实现信号转换的装置称为（　　　）。
A．传感器　　　　　　　　　　　　B．记录仪器
C．试验装置　　　　　　　　　　　D．数据处理装置

（3）（　　）是指传感器中能直接感受被测量的部分。
A．传感元件　　　B．敏感元件　　　C．测量转换电路　　　D．转换元件

(4) 传感器主要完成两个方面的功能，检测和（　　）。
A．测量　　　　　　B．感知　　　　　　C．信号调节　　　　D．转换
(5) 传感器感知的输入变化量越小，表示传感器的（　　）。
A．线性度越好　　　B．迟滞越小　　　　C．重复性越好　　　D．灵敏度越高
(6) 表征传感器静态特性的主要参数不包括（　　）。
A．线性度　　　　　B．灵敏度　　　　　C．频率响应　　　　D．重复性
(7) 属于传感器静态特性主要参数的是（　　）。
A．固有频率　　　　B．临界频率　　　　C．阻尼比　　　　　D．重复性
(8) 传感器的（　　）是指传感器的输出与输入之间的线性程度。
A．线性度　　　　　B．灵敏度　　　　　C．迟滞　　　　　　D．重复性
(9) 传感器所测的物理量稳态形式的信号不随（　　）变化。
A．频率　　　　　　B．相位　　　　　　C．幅度　　　　　　D．时间

3．问答题

(1) 什么叫传感器？它由哪几部分组成？说出各部分的作用及相互间的关系。
(2) 传感器的名称构成原则是什么？
(3) 传感器的静态特性指什么？衡量它的主要参数有哪些？
(4) 简述传感器的作用和地位，以及传感器技术的发展方向。

4．计算题

(1) 某传感器给定相对误差为2%，满量程输出为50mV，求可能出现的最大误差 δ（单位为 mV）。当传感器使用在满量程的 1/2 和 1/8 时，计算可能产生的引用误差，并由此说明使用传感器选择适当量程的重要性。

(2) 某线性位移测量仪，当被测位移由4.5mm变到5.0mm时，输出电压由3.5V减至2.5V，求该线性位移测量仪的灵敏度。

(3) 使用一只精确度为0.2，量程为10V的电压表，测得某电压为5.0V，试求此测量值可能出现的绝对误差和最大相对误差。

(4) 三台测温仪表，测量范围均为0~800℃，精确度分别为2.5、2.0、1.5。现要测量500℃的温度，要求相对误差不超过2.5%，选哪台仪表合适？

项目 2　力的测量

在生产实践中，测力传感器应用非常广泛，如人体体重的测量、机械加工中刀具的切削力的测量等。测力传感器是将各种力学量转换成电信号的器件，是使用广泛的一种传感器。力的测量分为静态力测量和动态力测量，静态力测量主要是指重力等随时间变化比较慢的力的测量，动态力的测量主要是指振动等随时间变化比较快的力的测量。

本项目包括两个学习任务：任务 1 为质量的测量，任务 2 为振动的测量。

知识目标

1．熟悉电阻应变式传感器称重电路。
2．掌握应变片的应变效应。
3．了解应变片的分类及特点。
4．理解测量转换电路的作用，掌握三种电桥测量转换电路的结构形式和特点。
5．熟悉压电式传感器监测玻璃破碎的电路。
6．掌握压电材料的压电效应。
7．熟悉几种压电材料的特点及应用。
8．掌握压电式传感器的测量转换电路。

技能目标

1．能正确选择测力传感器。
2．能识读测力传感器电路图。
3．能完成电路的焊接和调试。
4．能检测和排除测力传感器电路的故障。

素质目标

1．培育勇毅力行的中华民族传统美德。
2．培育实践和探索的科学精神。
3．培养臻于至善的工匠精神。

任务 1 质量的测量

一、任务描述

力是基本物理量之一。力学量可分为几何学量、运动学量及力学量三部分,其中几何学量是指位移、形变、尺寸等,运动学量是指几何学量的时间函数,如速度、加速度等,力学量包括质量、力、力矩、压力、应力等。

在生活和生产中,我们常常需要对物体的质量进行检测。用于测量物体质量的电子装置称为电子秤,如图 2-1 所示。与机械秤相比,电子秤不仅可以测量物体质量,还可以将采集的数据传送到数据处理中心,作为在线测量或自动控制的依据。特别是家用电子秤,已成为生活的必备品。本任务要求完成一台简易家用电子秤的电路设计。

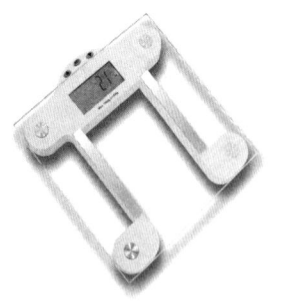

图 2-1 电子秤

二、任务分析

根据任务要求,我们测量的是人体体重,最终结果要求用数字显示。显然,人体体重属于非电量,无法直接用数字显示,要先把人体体重这个非电量转换成具有一定驱动和传输能力的电压,才能做进一步的处理。测量人体体重,其实就是测量重力。我们常采用电阻应变式传感器测量体重,电阻应变式传感器主要由弹性敏感元件、电阻应变片和测量转换电路组成。电阻应变式传感器通过弹性敏感元件将外部的应力转换成应变,根据电阻应变效应,由电阻应变片将应变转换成电阻的微小变化,通过测量电桥转换成电压输出。

三、知识引入

(一)弹性敏感元件

物体在外力作用下改变原来的尺寸或形状的现象称为变形。

08 电阻应变片的工作原理

变形后的物体在外力去除后又恢复为原来的形状的现象称为弹性变形,具有弹性变形特性的物体称为弹性敏感元件。弹性敏感元件把力或压力转换成应变或位移,由传感器将应变或位移转换成电信号。弹性敏感元件是一个非常重要的传感器部件,应具有良好的弹性、足够的精度,以及保证能长期使用和温度变化时的稳定性。

1. 弹性敏感元件的基本参数

(1)刚度。

刚度是弹性敏感元件在外力 F 作用下变形大小 x 的量度,即产生单位位移所需的力,一般用 K 表示,$K = \dfrac{\mathrm{d}F}{\mathrm{d}x}$。

(2)灵敏度。

灵敏度是指弹性敏感元件在单位力作用下变形的大小,在弹性力学中称为弹性敏感元件的柔度。它是刚度的倒数，用 S 表示，$S = \dfrac{1}{K} = \dfrac{dx}{dF}$。

刚度和灵敏度表示弹性敏感元件的软硬程度。元件越硬，刚度越大，单位力作用下变形越小，灵敏度越低。当刚度和灵敏度为常数时，作用力 F 和变形大小 x 呈线性关系，此种元件称为线性弹性敏感元件。

2. 弹性敏感元件的基本要求

（1）机械特性（强度高、抗冲击、韧性好、疲劳强度高等）和机械加工及热处理性能良好。

（2）弹性特性（弹性极限高、弹性滞后和弹性后效小等）良好。

（3）弹性模量的温度系数小且稳定，材料的线膨胀系数小且稳定。

（4）抗氧化性和抗腐蚀性等化学性能良好。

3. 弹性敏感元件的类型

常用的弹性敏感元件有实心轴、空心轴、等截面圆环、变形圆环、悬臂梁等，如图 2-2 所示。

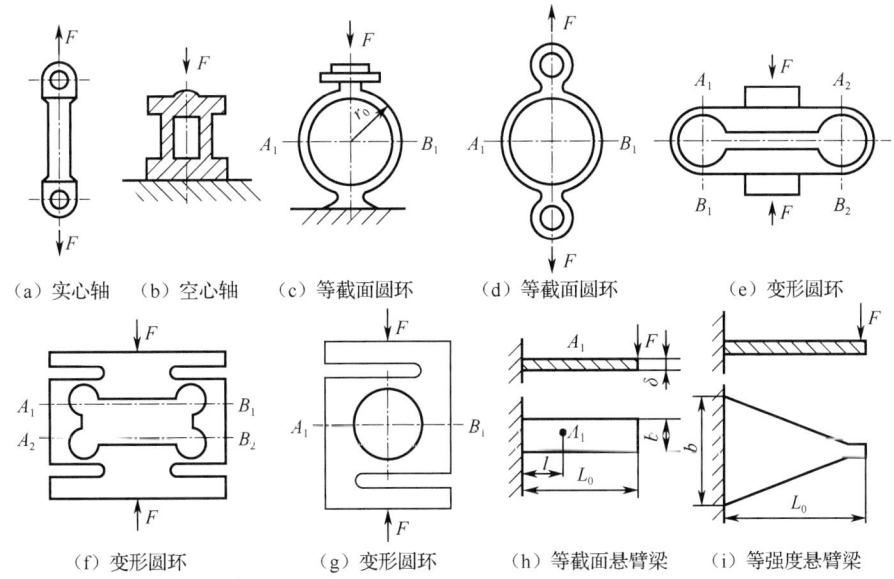

(a) 实心轴　(b) 空心轴　(c) 等截面圆环　(d) 等截面圆环　(e) 变形圆环
(f) 变形圆环　(g) 变形圆环　(h) 等截面悬臂梁　(i) 等强度悬臂梁

图 2-2　弹性敏感元件的类型

（二）应变效应

金属导体受到外力（拉力或压力）作用时，将产生机械变形，机械变形会导致其阻值变化，这种因变形而使其阻值发生变化的现象称为应变效应。电阻应变片的工作原理以应变效应为基础。设有一根长度为 l、截面积为 S、电阻率为 ρ 的金属丝，其阻值为 $R = \rho \dfrac{l}{S}$，如图 2-3 所示。

09 应变效应

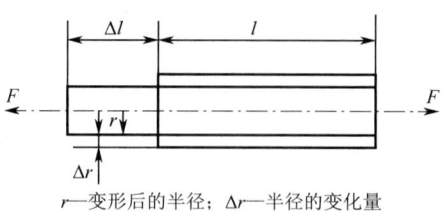

r—变形后的半径；Δr—半径的变化量

图 2-3 金属电阻丝的应变效应

当电阻丝受到轴向的拉力 F 时，伸长 Δl，截面积相应减小 ΔS，电阻率因材料晶格变形等因素的影响而改变 $\Delta \rho$，从而引起的阻值相对变化量为

$$\frac{\Delta R}{R} = \frac{\Delta l}{l} - \frac{\Delta S}{S} + \frac{\Delta \rho}{\rho} \tag{2-1}$$

式中，$\frac{\Delta l}{l}$ ——长度相对变化量（轴向应变），用 ε 表示，即

$$\varepsilon = \frac{\Delta l}{l} \tag{2-2}$$

ε 为导体的轴向应变，其数值一般很小，常用 10^{-6} 表示。例如，当 ε 为 0.000001 时，在工程中常表示为 1×10^{-6} 或 $\frac{\mu m}{m}$。在应变测量中，也常将其称为微应变。

对于圆形截面金属电阻丝，截面积 $S = \pi r^2$，则

$$\frac{\Delta S}{S} = 2\frac{\Delta r}{r} \tag{2-3}$$

由材料力学可知，在弹性范围内，金属丝在拉力的作用下，沿轴向伸长，沿径向缩短，那么轴向应变和径向应变的关系可表示为

$$\frac{\Delta r}{r} = -\mu \frac{\Delta l}{l} \tag{2-4}$$

式中，μ ——电阻丝材料的泊松比，负号表示变化趋势相反。

阻值相对变化量为

$$\frac{\Delta R}{R} = (1 + 2\mu)\varepsilon + \frac{\Delta \rho}{\rho} \tag{2-5}$$

对金属电阻丝来说，电阻率的变化可以忽略不计，把单位应变引起的阻值相对变化量定义为电阻丝的灵敏度 K，则

$$K = \frac{\frac{\Delta R}{R}}{\varepsilon} = 1 + 2\mu \tag{2-6}$$

对于不同的金属材料，K 略有不同，一般为 2 左右。而对于半导体材料，由于其感受到应变时，电阻率 ρ 会产生很大的变化，所以灵敏度比金属材料高几十倍。

对于金属材料，受力之后所产生的轴向应变最好不要大于 1×10^{-3}，否则有可能超过材料的极限强度而断裂。

应变片用于测量力 F 的计算公式，由材料力学知识可知，$\varepsilon = \frac{F}{SE}$，所以

$$\frac{\Delta R}{R} = K\frac{F}{SE} \qquad (2\text{-}7)$$

如果应变片的灵敏度 K 和试件的截面积 S 及弹性模量 E 均已知，则只要设法测出 $\frac{\Delta R}{R}$，即可获知试件受力 F 的大小。

（三）应变片的结构与种类

1. 应变片的结构

10 电阻应变片的种类及结构

应变片由基底、敏感栅、盖片、引线组成，如图 2-4 所示。这些部分所选用的材料将直接影响应变片的性能。因此，应根据使用条件和要求合理地加以选择。

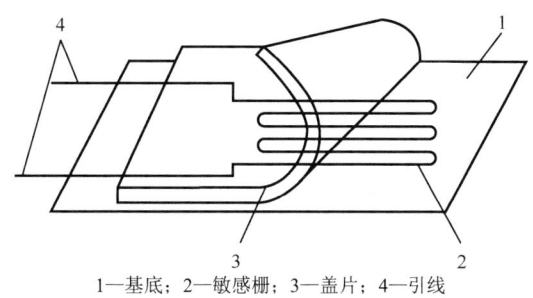

1—基底；2—敏感栅；3—盖片；4—引线

图 2-4 应变片的结构

（1）敏感栅。

敏感栅是应变片内实现应变到电阻转换的最重要的敏感元件，一般采用截面直径为 0.015～0.05mm 的金属电阻丝绕成栅形。金属电阻应变片的阻值有 60Ω、120Ω、200Ω 等多种规格，以 120Ω 最为常用。应变片的栅长大小关系到所测应变的准确度，应变片测得的应变大小是应变片栅长和栅宽所在面积内的平均轴向应变。

对敏感栅材料的要求如下。

① 应变片灵敏度高，并在所测应变范围内保持为常数。
② 电阻率高且稳定，便于制造小栅长的应变片。
③ 电阻温度系数小。
④ 抗氧化、耐腐蚀性能强。
⑤ 在工作温度范围内能保持足够的抗拉强度。
⑥ 加工性能良好，易于拉制成丝或轧压成箔材。
⑦ 易于焊接，对引线材料的热电动势小。

对应变片要求必须根据实际使用情况，合理选择。

（2）基底和盖片。

基底用于保持敏感栅、引线的几何形状和相对位置，并将试件上的应变迅速而准确地传递到敏感栅上，因此基底做得很薄，一般为 0.02～0.4mm。盖片起防潮、防腐、防损的作用，用于保护敏感栅。用专门的薄纸制成的基底和盖片称为纸基，用各种黏合剂和有机树脂薄膜制成的称为胶基，现多采用后者。

（3）引线。

引线是从应变片的敏感栅中引出的细金属线。对引线材料的性能要求为电阻率低、电阻温度系数小、抗氧化性能好、易于焊接。大多数敏感栅材料都可制作成引线。

表 2-1 列出了常用金属电阻丝材料的性能。

表 2-1 常用金属电阻丝材料的性能

材料	成分		灵敏度 K_0	电阻率/($\mu\Omega \cdot mm$)（20℃）	电阻温度系数 $\times 10^{-6}$/℃（0~100℃）	最高使用温度/℃	对铜的热电动势/(μV/℃)	线膨胀系数 $\times 10^{-6}$/℃
	元素	%						
康铜	Ni	45	1.9~2.1	0.45~0.25	±20	300（静态）	43	15
	Cu	55				400（动态）		
镍铬合金	Ni	80	2.1~2.3	0.9~1.1	110~130	450（静态）	3.8	14
	Cr	20				800（动态）		
镍铬铝合金（6J22，卡马合金）	Ni	74	2.4~2.6	1.24~1.42	±20	450（静态）	3	13.3
	Cr	20				—		
	Al	3				—		
	Fe	3				800（动态）		
镍铬铝合金（6J23）	Ni	75	2.4~2.6	1.24~1.42	±20	450（静态）	3	
	Cr	20				—		
	Al	3				—		
	Cu	2				800（动态）		
铁镍铝合金	Fe	70	2.8	1.3~1.5	30~40	700（静态）	2~3	14
	Cr	25				—		
	Al	5				1000（动态）		
铂	Pt	100	4~6	0.09~0.11	3900	800（静态）	7.6	8.9
铂钨合金	Pt	92	3.5	0.68	227	—	6.1	8.3~9.2
	W	8				100（动态）		

康铜是目前应用最广泛的金属电阻丝材料。它有很多优点：灵敏度稳定性好，不但在弹性变形范围内能保持为常数，还能在塑性变形范围内基本保持为常数；康铜的电阻温度系数较小且稳定，当采用合适的热处理工艺时，可使电阻温度系数在 $\pm 50 \times 10^{-6}$/℃ 范围内；康铜的加工性能好，易于焊接，因而许多应变式传感器都以康铜为金属电阻丝材料。

2. 应变片的种类

根据所使用的材料不同，应变片可分为金属电阻应变片和半导体应变片两大类。金属电阻应变片可分为金属丝式应变片、金属箔式应变片和金属薄膜式应变片；半导体应变片可分为体型半导体应变片、扩散型半导体应变片、薄膜型半导体应变片和 PN 结元件等。其中，最常用的是金属丝式应变片、金属箔式应变片和半导体应变片。图 2-5 所示为常用的应变片的基本形式。

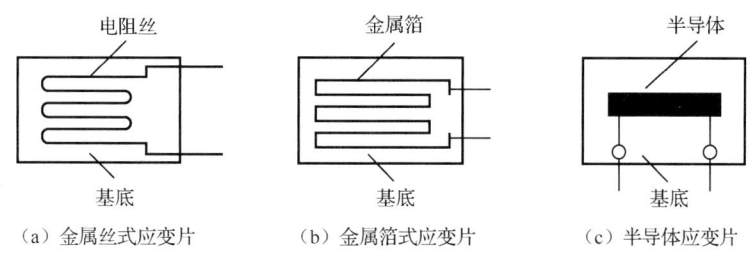

图 2-5 常用的应变片的基本形式

(1) 金属丝式应变片。

金属丝式应变片的敏感元件是丝栅状的电阻丝，它可以制成 U 形、V 形和 H 形等多种形状。金属丝式应变片因使用的基底材料不同可以分为纸基、纸浸胶基和胶基等类型。

(2) 金属箔式应变片。

金属箔式应变片的敏感栅由很薄的金属箔制成，厚度只有 0.01～0.10mm，采用光刻、腐蚀等技术制作。金属箔式应变片的横向部分特别粗，可大大减小横向效应，且敏感栅的粘贴面积大，能更好地随同试件变形。

此外，与金属丝式应变片相比，金属箔式应变片具有下列优点。

① 制造工艺能保证敏感栅的尺寸正确，线条均匀，成批生产时阻值离散度小，能制成任意形状以适应不同的测量要求。敏感栅的栅长可做得很小（目前最小的栅长为 0.2mm）。

② 横向效应很小。

③ 允许电流大。

④ 可贴在形状复杂的试件上，与试件的接触面积大，粘贴牢固，能很好地随同试件变形，在受交变载荷时疲劳寿命长，蠕变也小。

⑤ 便于实现生产工艺自动化，从而提高生产率，减轻工人的劳动，使价格便宜。

金属箔式应变片的使用范围日益扩大，已逐渐取代金属丝式应变片占据主要的地位。但需要注意的是，制造金属箔式应变片的阻值的分散性要比金属丝式应变片的大，有的能相差几十欧姆，故需要做阻值的调整。

(3) 半导体应变片。

半导体应变片采用锗或硅等半导体材料作为敏感栅，其灵敏度高、机械滞后小、频率响应快、阻值范围宽（可以从几欧姆到几十千欧姆），易于做成小型和超小型应变片；但热稳定性差，测量误差较大。

（四）应变片的粘贴

(1) 去污：采用手持砂轮工具除去试件表面的油污、漆、锈斑等，并用细砂布交叉打磨出细纹以增加粘贴力，用浸有酒精的纱布擦洗。

(2) 贴片：在应变片的表面和处理过的粘贴表面，各涂一层均匀的粘贴胶，用镊子将应变片放上去，并调好位置，盖上塑料薄膜，用手指揉搓和滚压，排出下面的气泡。

(3) 测量：从分开的端子处，预先用万用表测量应变片的阻值，发现端子折断和损坏的应变片及时更换。

(4) 焊接：将引线和端子用电烙铁焊接起来，注意不要把端子折断。

(5) 固定：焊接后用胶布将引线和试件固定在一起，防止损坏引线和应变片。

（五）应变片的温度误差及温度补偿方法

应变片的敏感栅是由金属或半导体材料制成的，因此工作时既能感受应变，又能感受温度。因此，应变引起的阻值变化很小，要想提高测量精度，必须消除或减小温度的影响。

1. 应变片的温度误差

用作测量应变的金属电阻应变片，我们希望其阻值仅随应变变化，而不受其他因素的影响。实际上，应变片的阻值受环境温度影响很大。由于环境温度变化引起的阻值变化与试件应变引起的阻值变化几乎有相同的数量级，从而产生很大的测量误差。

由于测量现场环境温度的变化而给测量带来的附加误差，称为应变片的温度误差。导致应变片的温度误差主要有以下两个方面。

（1）电阻丝的电阻温度系数的影响。

电阻丝的阻值随温度变化的关系可用下式表示：

$$R_t = R_0(1+\alpha_0\Delta t) \tag{2-8}$$

当温度变化量为 Δt 时，电阻丝的阻值变化量为

$$\Delta R_\alpha = R_t - R_0 = R_0\alpha_0\Delta t \tag{2-9}$$

（2）试件和电阻丝的线膨胀系数的影响。

当试件与电阻丝的线膨胀系数相同时，不论环境温度如何变化，电阻丝的变形仍和自由状态一样，不会产生附加变形；当试件和电阻丝的线膨胀系数不同时，由于环境温度的变化，电阻丝会产生附加变形，从而产生附加电阻。

设电阻丝和试件在温度为 0℃时的长度均为 l_0，它们的线膨胀系数分别为和 β_s 和 β_g，若二者不粘贴，则它们的长度分别为

$$l_s = l_0(1+\beta_s\Delta t) \tag{2-10}$$

$$l_g = l_0(1+\beta_g\Delta t) \tag{2-11}$$

当二者粘贴在一起时，电阻丝产生的附加变形为 Δl，附加应变 ε_g 及附加阻值变化量 ΔR_β 分别为

$$\varepsilon_g = \frac{\Delta l}{l} = (\beta_g - \beta_s)\Delta t \tag{2-12}$$

$$\Delta R_\beta = K_0 R_0 \varepsilon_\beta = K_0 R_0 (\beta_g - \beta_s)\Delta t \tag{2-13}$$

综上可得，由于温度变化而引起应变片总阻值的相对变化量为

$$\frac{\Delta R_t}{R} = \frac{\Delta R_\alpha + \Delta R_\beta}{R_0} = [\alpha_0 + K_0(\beta_g - \beta_s)]\Delta t \tag{2-14}$$

折合成附加应变或虚假应变 ε_t，则有

$$\varepsilon_t = \left[\frac{\alpha_0}{K_0} + (\beta_g - \beta_s)\right]\Delta t \tag{2-15}$$

2. 应变片的温度补偿方法

应变片的温度补偿方法有应变片自补偿法和线路补偿法两种。

（1）应变片自补偿法。

利用温度自补偿应变片来实现温度补偿的方法称为应变片自补偿法，是利用自身具有温度补偿作用的应变片来补偿的。温度自补偿应变片的工作原理，可由式（2-16）得出，要实现温度自补偿，必须有

$$\alpha_0 = -K_0(\beta_g - \beta_s) \tag{2-16}$$

上式表明，当试件的线膨胀系数 β_g 已知时，如果合理地选择敏感栅材料，即其电阻温度系数 α_0、灵敏度 K_0 及线膨胀系数 β_g 满足式（2-16），则不论温度如何变化，均能达到温度自补偿的目的。

【例1】将一个阻值为120Ω，$K=2$ 的应变片贴在弹性极限为400MN/m²，弹性模量为200GN/m² 的钢件上，分别计算下面两个条件下应变片的阻值变化量。

（1）应力等于弹性范围的1/10。

（2）康铜 $\alpha = 20 \times 10^{-6} \Omega/\Omega℃$，线膨胀系数为 12×10^{-6} m/m℃。钢的线膨胀系数为 16×10^{-6} m/m℃，温度变化量为20℃，

解：（1）$\Delta R = KR\varepsilon = 2 \times 120 \times \dfrac{\sigma}{E}$

$$= 240 \times \dfrac{400 \times 10^6 \times \dfrac{1}{10}}{200 \times 10^9}$$

$$= 240 \times \dfrac{1}{10} \times 10^{-3} \times 2$$

$$= 48 \times 10^{-3} = 4.8 \times 10^{-2} \Omega$$

（2）$\Delta R = [\alpha_0 + k(\beta_g - \beta_s)]\Delta t R_0$

$$= [20 \times 10^{-6} + 2 \times (16-12) \times 10^{-6}] \times 20 \times 120$$

$$= 0.067 = 6.7 \times 10^{-2} \Omega$$

通过计算可知，受力产生的阻值变化量和受温度变化产生的阻值变化量相当，所以不能忽略受温度变化产生的阻值变化量。

（2）线路补偿法。

电桥补偿是最常用且效果较好的线路补偿法。在应变测试的某些条件下，可通过改变应变片的粘贴位置，实现温度补偿，同时可提高应变片的灵敏度。在图2-6中，测量梁的弯曲应变时，将 R_1 和 R_B 两个应变片分别粘贴于梁上、下两面的对称位置，按图2-6接入电桥补偿电路。在外力 F 的作用下，上面受拉力，下面受压力，应变片的阻值变化量 R_1 和 R_B 大小相等、符号相反，电桥的输出电压将增加一倍，此时 R_B 既起到了温度补偿的作用，又提高了灵敏度，故输出电压 U_o 不受温度变化的影响，这样就起到了温度补偿的作用。

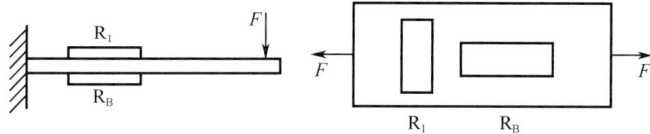

图2-6 电桥补偿

（六）测量转换电路

应变片将试件应变 ε 转换成阻值相对变化量 $\dfrac{\Delta R}{R}$，为了能用电测仪表进行测量，必须经过测量转换电路，将阻值相对变化量进一步转换成电压或电流。常用的测量转换电路是各种电桥电路。

12 测量电路

电桥电路是把电阻、电感和电容等元件参数转换成电压或电流的一种测量转换电路。这种电路简单直接，而且精度和灵敏度都很高，在检测系统中应用较多。根据电源的不同，可将电桥分为直流电桥和交流电桥。这里主要介绍直流电桥。

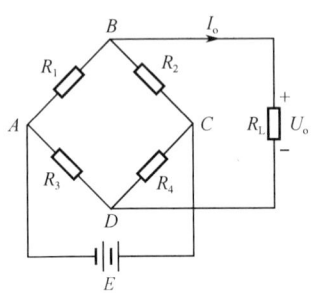

图 2-7 直流电桥的原理

直流电桥的原理如图 2-7 所示，图中 R_1、R_2、R_3 及 R_4 组成电桥的四个桥臂，输入电源 E 加在电桥的 AC 间，输出信号取自电桥的 BD 间，当电桥的输出端与具有高输入阻抗的装置相接时，电桥相当于工作在输出端开路状态（$R_L \to \infty$），其输出电压为 $U_o = \left(\dfrac{R_1}{R_1+R_2} - \dfrac{R_3}{R_3+R_4} \right) E$。当输出电压 U_o 为零时，称电桥的这种状态为平衡状态，即

$$R_1 R_4 = R_2 R_3 \text{ 或 } \dfrac{R_1}{R_2} = \dfrac{R_3}{R_4} \tag{2-17}$$

这说明欲使电桥平衡，其相邻两臂阻值之比应相等，或者相对两臂阻值的乘积相等。

电桥电路不同，其工作特性也不同，衡量电桥工作特性质量的两个指标是电桥的非线性误差及电桥的灵敏度。

（1）电桥的非线性误差是指测量值的实际特性曲线与理论特性曲线之间的最大偏差。传感器测量值的理论分析都是以理论特性曲线为依据的，其表达式为 $\gamma = \dfrac{U_{os} - U_o}{U_o}$（其中，$U_{os}$ 为线性化后的输出电压）。因为 γ 为误差，我们要求其值越小越好。

（2）电桥的灵敏度是指单位输入时的输出变化量，对于不平衡电桥，输入是指桥臂上阻值 R 的变化量 ΔR，输出是指电桥的输出电压 U_o 的变化量 ΔU，所以电桥的灵敏度就是电压的相对变化量与阻值的相对变化量之比，即 $K_U = \dfrac{\dfrac{\Delta U}{U}}{\dfrac{\Delta R}{R}}$。在测量过程中，我们一般要求灵敏度越高越好。

1. 单臂电桥

在各种测量场合中，电桥的一个或多个桥臂可能是电阻式应变片，假设电桥中只有 R_1 为应变片，则称此时的电桥为单臂电桥，如图 2-8 所示。

当 R_1 变化到 $R_1 + \Delta R_1$ 时，电桥将失去平衡状态，输出电压为

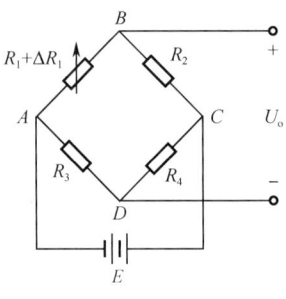

图 2-8 单臂电桥

$$U_o = \left(\frac{R_1 + \Delta R_1}{R_1 + \Delta R_1 + R_2} - \frac{R_3}{R_3 + R_4} \right) E$$

$$= \frac{\frac{\Delta R_1}{R_1} \frac{R_4}{R_3} E}{\left(1 + \frac{R_2}{R_1} + \frac{\Delta R_1}{R_1}\right)\left(1 + \frac{R_4}{R_3}\right)} \quad (2\text{-}18)$$

设桥臂电阻比为 $\frac{R_2}{R_1} = n$，由于 $\Delta R_1 \ll R_1$，因此分母中的 $\frac{\Delta R_1}{R_1}$ 可忽略，结合电桥平衡条件 $\frac{R_1}{R_2} = \frac{R_3}{R_4}$ 可将上式简化为

$$U_o = E \frac{n}{(1+n)^2} \frac{\Delta R_1}{R_1} \quad (2\text{-}19)$$

定义电桥的电压灵敏度为

$$K_U = \frac{\frac{U_o}{E}}{\frac{\Delta R_1}{R_1}} = \frac{n}{(1+n)^2} \quad (2\text{-}20)$$

电压灵敏度越高，说明在应变片阻值相对变化量相等的情况下，电桥的输出电压越大，电桥越灵敏。这就是电压灵敏度的物理意义。

单臂电桥的非线性误差为

$$\gamma = \frac{U_o - U_o'}{U_o} = \frac{\frac{\Delta R_1}{R_1}}{1 + n + \frac{\Delta R_1}{R_1}} \quad (2\text{-}21)$$

式中，电桥输出的实际值 $U_o' = E \dfrac{n \frac{\Delta R_1}{R_1}}{\left(1 + \frac{\Delta R_1}{R_1} + n\right)(1+n)}$。

如果是四臂相等电桥，即 $n = 1$，则

$$\gamma = \frac{\frac{\Delta R_1}{R_1}}{2 + \frac{\Delta R_1}{R_1}} \quad (2\text{-}22)$$

由式（2-20）可知，提高电桥电压灵敏度的方法如下。

（1）电桥的电压灵敏度正比于电桥的供电电压，要提高电桥的灵敏度，必须提高电源电压，但要受到应变片的功耗限制。

（2）电桥的电压灵敏度是桥臂电阻比 n 的函数，当桥臂的四个电阻初始阻值相等，即 $R_1 = R_2 = R_3 = R_4$ 时，电桥的电压灵敏度最高，$K_U = \dfrac{1}{4}$。

减小或消除非线性误差的方法如下。

（1）提高桥臂电阻比。
（2）采用差动电桥。

2. 差动半桥（双臂电桥）

当 R_1、R_2 同时为金属电阻应变片时，二者的变化趋势相反，如图 2-9 所示，称为差动半桥。其中，$R_1 = R_2 = R_3 = R_4 = R$，$\Delta R_1 = \Delta R_2 = \Delta R$。

其输出电压为

$$U_o = \left(\frac{R + \Delta R}{2R} - \frac{1}{2} \right) E = \frac{1}{2} \frac{\Delta R}{R} E \quad (2\text{-}23)$$

输出特性曲线为直线，非线性误差为零，即 $\delta = 0$。

电压灵敏度为

$$K_U = \frac{\dfrac{U_o}{E}}{\dfrac{\Delta R}{R}} = \frac{1}{2} \quad (2\text{-}24)$$

显然，差动半桥的电压灵敏度比单臂电桥的电压灵敏度提高了一倍。

3. 差动全桥

当 R_1、R_2、R_3 和 R_4 同时为金属电阻应变片时，相邻应变片的变化趋势相反，相对应变片的变化趋势相同，如图 2-10 所示，称为差动全桥。其中，$R_1 = R_2 = R_3 = R_4 = R$，$\Delta R_1 = \Delta R_2 = \Delta R_3 = \Delta R_4 = \Delta R$。

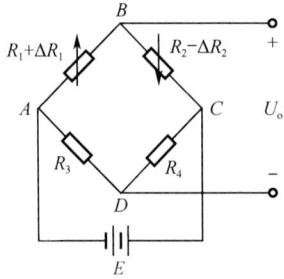 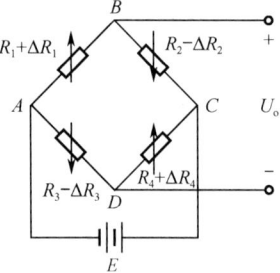

图 2-9　差动半桥　　　　图 2-10　差动全桥

其输出电压为

$$U_o = \left(\frac{R + \Delta R}{2R} - \frac{R - \Delta R}{2R} \right) E = \frac{\Delta R}{R} E \quad (2\text{-}25)$$

输出特性曲线为直线，非线性误差为零，即 $\delta = 0$。

电压灵敏度为

$$K_U = \frac{\dfrac{U_o}{E}}{\dfrac{\Delta R}{R}} = 1 \tag{2-26}$$

显然，差动全桥的电压灵敏度为单臂电桥的电压灵敏度的四倍。

4．结论

由以上分析可得，差动电桥与单臂电桥相比有三个优点。

（1）差动电桥的非线性误差为零。

（2）差动半桥的电压灵敏度是单臂电桥的两倍，差动全桥的电压灵敏度更高，是单臂电桥的四倍。

（3）差动电桥具有良好的抗共模干扰的能力，特别是对温度误差的处理有很大的优势。

小常识：

电桥电路既可以采用直流电桥（供电为直流电压），又可以采用交流电桥（供电为交流电压）。为了减少电源电压波动及工作温度的影响，对于电阻式应变片，尤其是压阻元件，电桥电路常用恒流驱动方式。

非平衡电桥，即电桥读数（输出）时处于非平衡状态，这种测量方法的最大优点是可对被测量进行动态测量，但这种电桥的输出受电源电压的影响较大，电源电压略有波动，就会影响电桥电路输出，给测量带来较大的误差。

平衡电桥，即电桥读数时处于平衡状态。输出与电源无关，测量精度高。在某些情况下（如进行静态测量），常采用平衡电桥。电桥输出最终为零，其测量精度取决于电位器的精度；平衡电桥对表头要求不高，表头只起指零作用，平衡电桥操作麻烦，需要两次调整电桥平衡。

四、任务实施

1．原理图

电阻应变式传感器称重电路的原理图如图2-11所示。

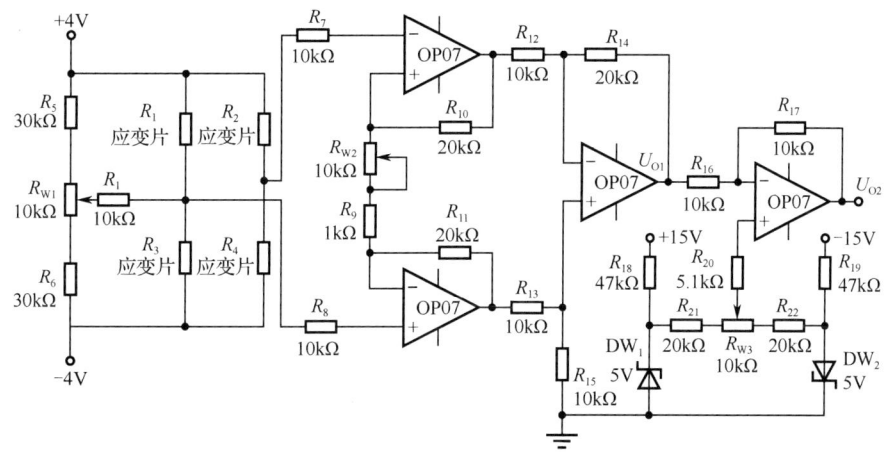

图2-11 电阻应变式传感器称重电路的原理图

2. 电路分析

图 2-11 中的 R_1、R_2、R_3、R_4 为金属电阻应变片，构成差动全桥。3 个 OP07 及外围电路构成差动放大器。R_{W1} 为电阻应变式传感器调平衡电位器，R_{W2} 为增益调节电位器，R_{W3} 为调理电路短路调零电位器。该传感器的信号处理电路实现了由重力变化引起的应变电阻阻值变化转换成放大电压的目的。

3. 元件清单

电阻应变式传感器称重电路的元件清单如表 2-2 所示。

表 2-2 电阻应变式传感器称重电路的元件清单

序 号	元 件 代 号	名 称	参 数
1	OP07	集成运放	—
2	$R_1 \sim R_4$	应变电阻	—
3	$R_5 \sim R_{22}$	电阻	1～47kΩ
4	$R_{W1} \sim R_{W3}$	可调电阻	10kΩ
5	DW_1、DW_2	稳压管	5V

4. 项目制作

（1）准备。

元件：按元件清单备齐。

工具：电烙铁、烙铁架、焊锡丝、松香、剪刀、尖嘴钳、螺丝刀、镊子、万用表和直流稳压电源。

（2）元件测试。

用万用表测量电阻式应变片在受力情况下的阻值是否发生变化。

（3）焊接。

元件在焊接时要遵循"先低后高"的原则，先焊接小元件，后焊接大元件。

（4）检查。

焊接完成后先自查，再让老师检查。

（5）通电调试。

通电后将差动放大器的输入端短接并与地短接，输出端 U_{O2} 接显示电压表，将 R_{W2} 调到增益最大位置，调节 R_{W3} 使电压表显示为零。R_{W2}、R_{W3} 的阻值确定后不能改动。将差动放大器的输入端接入全桥电路，在无重物的情况下，调节 R_{W1} 使输出端 U_{O2} 为零。

（6）完成实训报告。

实训报告包括任务设计与制作的意义、检查电路设计、制作与调试、检测结果与分析。

五、任务评价

电阻应变式传感器称重电路的制作评价如表 2-3 所示。

表2-3 电阻应变式传感器称重电路的制作评价

序号	名称	分值	考核点	得分
1	资讯	10	金属电阻应变片的特性、检测方法，电路的工作原理、调试方法	
2	计划	20	列出元件、工具、耗材，制定安装流程与测试步骤	
3	实施	40	正确使用仪器仪表和工具，能识别、检测元件，能设计电路布局，焊接、调试电路	
4	报告	15	格式规范，项目分析、实施、过程记录情况，想法、建议	
5	素养	15	态度、工作记录、团队合作能力、6S管理原则（整理、整顿、清扫、清洁、素养、安全）	

六、任务拓展

压阻式传感器是由硅、锗等半导体材料，利用半导体的压阻效应制成的。压阻效应是1954年被发现的，1958年贝尔实验室研制出硅力敏电阻，20世纪70年代后压阻元件得到迅速发展。

1. 压阻效应

当沿半导体底部某一轴向施加一定的载荷产生应变时，电阻率会发生明显的变化，导致阻值变化，这种现象称为压阻效应，记为

$$\frac{dR}{R} = \frac{d\rho}{\rho} + (1+2\mu)\varepsilon \tag{2-27}$$

对于金属材料，$\frac{d\rho}{\rho}$ 较小，有时可忽略不计，故起作用的是应变效应；对于半导体材料，$\frac{d\rho}{\rho} = \pi_L E \varepsilon$，$\pi_L$ 为压阻系数，E 为弹性模量，由于 $\pi_L E$ 比 $(1+2\mu)$ 大几十到上百倍，故起作用的是压阻效应，则半导体材料的灵敏度为

$$K = \frac{\frac{\Delta R}{R}}{\varepsilon} = \pi_L E \tag{2-28}$$

对于半导体硅，$\pi_L = (40 \sim 80) \times 10^{-11} \text{m}^2/\text{N}$，$E = 1.67 \times 10^{11} \text{N/m}^2$，则 $K = \pi_L E = 70 \sim 140$，显然半导体材料的灵敏度比金属材料要高50～70倍。

在弹性范围内，应力作用使半导体阻值发生变化，去除应力后，阻值又恢复到原来的数值，故压阻效应是可逆的。

小常识：

金属电阻应变片的阻值变化主要由其结构尺寸变化导致，而半导体应变片的阻值变化由其电阻率变化导致。

金属电阻应变片的优缺点。

优点：结构简单，频率特性好，价格低廉，品种多样，可在高（低）温、高速、高压、强烈振动、强磁场及核辐射和化学腐蚀等恶劣条件下正常工作。

缺点：具有非线性，输出信号微弱，抗干扰能力较差，因此信号线需要采取屏蔽措施；不能用于过高温度场合下的测量。

半导体应变片的优缺点。

优点：灵敏度高，工作频带宽，机械滞后小，分辨率高。

缺点：温度稳定性差，灵敏度高，非线性误差大。

2. 压阻式传感器的类型

压阻式传感器主要有体型、薄膜型和扩散型三种。体型压阻式传感器利用半导体材料的体电阻制成粘贴式应变计；薄膜型压阻式传感器是利用真空沉积技术将半导体材料沉积在带有绝缘层的基底上制成的；扩散型压阻式传感器在半导体材料的基底上用集成电路工艺制成扩散电阻，作为测量传感元件。

3. 压阻式传感器的典型应用

压阻式传感器具有灵敏度高、分辨率高、频率响应快、体积小、应变的横向效应和机械滞后极小等特点，主要用于测量压力、加速度和载荷等参数。

（1）扩散型压阻式压力传感器。

在弹性范围内，硅的压阻效应是可逆的，即在力的作用下，硅的阻值发生变化，而当去除应力时，硅的阻值又恢复到原来的数值。硅的压阻效应因晶体的取向不同而不同。

图 2-12 所示为扩散型压阻式压力传感器的结构，其核心为做成杯状的硅膜片（硅杯），采用 N 型单晶硅作为传感器的弹性敏感元件，在它上面直接蒸镀半导体电阻应变薄膜。传感器的硅膜片两边有两个压力腔，一个是和被测压力相连的高压腔，另一个是低压腔，通常和大气相连。

在测量时，被测压力引入高压腔，硅膜片两边存在压力差，硅膜片会产生变形，硅膜片上各点产生应力。四个电阻在应力作用下，阻值发生变化，电桥失去平衡，输出相应的电压，电压与硅膜片两边的压力差成正比。

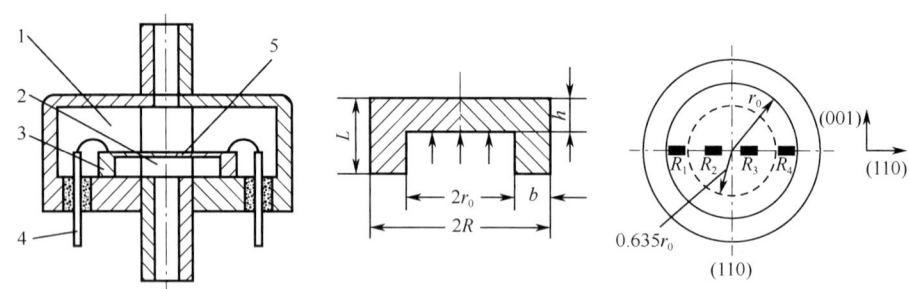

1—低压腔；2—高压腔；3—硅杯；4—引线；5—硅膜片

图 2-12　扩散型压阻式压力传感器的结构

（2）压阻式加速度传感器。

压阻式加速度传感器的悬臂梁直接由单晶硅制成，在悬臂梁的自由端装有质量块，在悬臂梁的底部，四个扩散电阻安装在其两面，如图 2-13 所示。

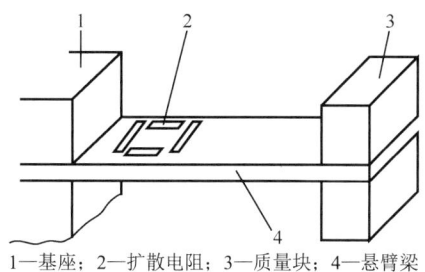

1—基座；2—扩散电阻；3—质量块；4—悬臂梁

图 2-13 压阻式加速度传感器

当悬臂梁自由端的质量块受到外界加速度作用时，将感受到的加速度转换成惯性力，使悬臂梁受到弯矩作用，产生应力。这时悬臂梁上的四个电阻的阻值发生变化，使电桥处于不平衡状态，从而输出与外界的加速度成正比的电压。

任务 2 振动的测量

一、任务描述

在防盗报警系统中，常使用玻璃破碎探测器监测破窗而入的窃贼。本任务利用压电式传感器制作一个简易玻璃破碎报警电路，利用压电陶瓷对外界振动产生电荷的特性，接收撞击玻璃破碎的振动信号，转换成电信号报警。

二、任务分析

根据任务描述，玻璃破碎，报警器报警，其实玻璃破碎在本任务中的作用是发出声音，任何声音（如敲击声、叫声等）达到一定的强度都可使报警器报警。声音能使空气振动，这种振动通过传感器（压电式传感器）可以转换成电信号，进而驱动音乐芯片工作，这就是报警器报警的奥秘。

压电式传感器是一种典型的自发电式传感器，它以某些电介质的压电效应为基础，在外力（此任务中为拍掌引起的空气振动）作用下，电介质表面会产生电荷，从而实现非电量测量的目的。压电式传感器是力敏元件，它可以测量最终能转换成力的非电量，如动态压力、振动等，但不能用于静态参数的测量。压电式传感器具有体积小、质量轻、频响高、信噪比大等优点。由于它没有运动部件，因此结构坚固，可靠性和稳定性高。

三、知识引入

（一）压电效应及其可逆性

13 压电传感器的工作原理

由物理学可知，在自然界 32 种晶体学点群中，有中心对称和非中心对称两大类，其中绝大多数非中心对称点群具有压电效应。对于某些电介质，当沿着一定方向对其施加力而使其变形时，其内部会产生极化现象，同时在该电介质的两个表面上产生极性相反的电荷，当去除外力后，又重新恢复到不带电状态，这种现象称为压电效应。当作用力方向改变时，电荷的极性也随之改变，如图 2-14 所示。有时人们把这种机械能转换成电能的现象，称为正压电效应（顺压电效应）。相反，当沿电介质极化方向施加电场时，这些电介质也会产生几何变形，当去除外电场时，这些变形也随之消失。这种电能转换成机械能的现象，称为逆压电效应（电致伸缩效应）。

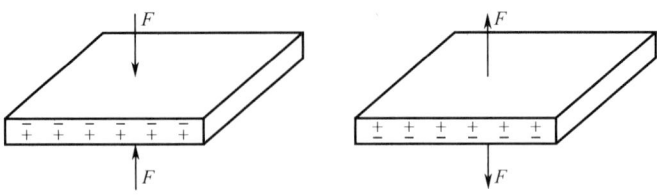

图 2-14　压电效应原理示意图

压电效应的可逆性如图 2-15 所示，利用这一特性可以实现机械能和电能的相互转换。

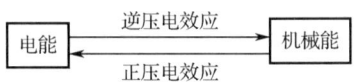

图 2-15　压电效应的可逆性

具有压电效应的物质称为压电材料，在自然界中，很多晶体都具有压电效应，但其中大部分的压电效应十分微弱。随着对材料的深入研究，我们发现石英晶体、压电陶瓷等是性能优良的压电材料。

（二）石英晶体的压电机理

1. 石英晶体的压电效应

石英晶体是一种应用广泛的压电材料，其化学式为 SiO_2，是单晶体结构，理想的形状为六角锥体，如图 2-16（a）所示。石英晶体是各向异性材料，不同晶向具有各异的物理特性，用 x、y、z 轴来描述。

14 石英晶体及压电陶瓷的压电效应

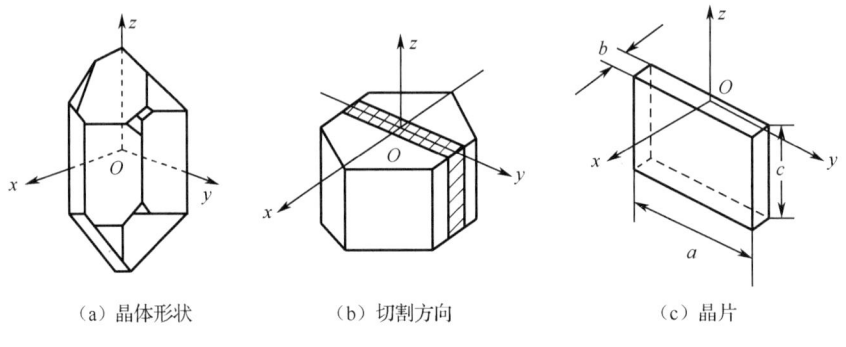

（a）晶体形状　　（b）切割方向　　（c）晶片

图 2-16　石英晶体

z 轴：通过六面锥体顶端的轴线，是纵向轴，称为光轴，沿该轴方向受力不会产生压电效应。

x 轴：经过六面锥体的棱线且垂直于 z 轴的轴线，称为电轴（压电效应只在与该轴垂直的两个表面上产生电荷集聚），沿该轴方向受力产生的压电效应称为纵向压电效应。

y 轴：与 x、z 轴同时垂直的轴为 y 轴，称为机械轴。在电场作用下，沿该轴方向的机械变形最明显。沿该轴方向受力产生的压电效应称为横向压电效应。

2. 作用力和电荷的关系

压电方程常表示为：当压电元件受到外力 F 作用时的压强 f，在相应的表面上产生表

面电荷 Q 的电荷密度 q。其关系式为

$$\frac{Q}{S_1} = d_{ij}\frac{F}{S_2} \text{ 或 } q = d_{ij}f \tag{2-29}$$

式中，d_{ij}——压电系数，i 为 1～3，表示晶体的极化方向，j 为 1～6，表示晶体的受力面；
S_1——电荷产生面的面积；
S_2——受力面的面积。

从晶体上沿 y 轴方向切割，如图 2-16（b）所示，切下的晶片如图 2-16（c）所示。下面分析其压电效应的情况。

（1）沿 x 轴方向施加作用力。
在 yOx 平面上产生电荷，其大小为

$$q_x = d_{11}f_x \tag{2-30}$$

式中，d_{11}——沿 x 轴方向受力的压电系数；
f_x——x 轴方向的作用力。

电荷 q_x 的符号取决于 f_x 为压力还是拉力。从式（2-30）可见，沿 x 轴方向施加的力作用于晶体时所产生的电荷 q_x 的大小与晶片的几何尺寸无关。

（2）沿 y 轴方向施加作用力。
仍然在 yOx 平面上产生电荷，但极性方向相反，其大小为

$$q_y = d_{12}\frac{a}{b}f_y = -d_{11}\frac{a}{b}f_y \tag{2-31}$$

式中，d_{12}——沿 y 轴方向受力的压电系数（轴对称，$d_{12} = -d_{11}$）；
f_y——y 轴方向的作用力；
a——晶片的长度；
b——晶片的厚度。

从式（2-31）可见，沿 y 轴方向施加的力作用于晶体时所产生的电荷 q_y 的大小与晶片的几何尺寸有关。式中的负号说明沿 y 轴的压力所引起的电荷极性与沿 x 轴的压力所引起的电荷极性相反。

（3）沿 z 轴方向施加作用力。
不会产生压电效应，没有电荷产生。

根据上述分析，晶片受力发生压电效应时，所产生的电荷极性与受力方向的关系如图 2-17 所示。

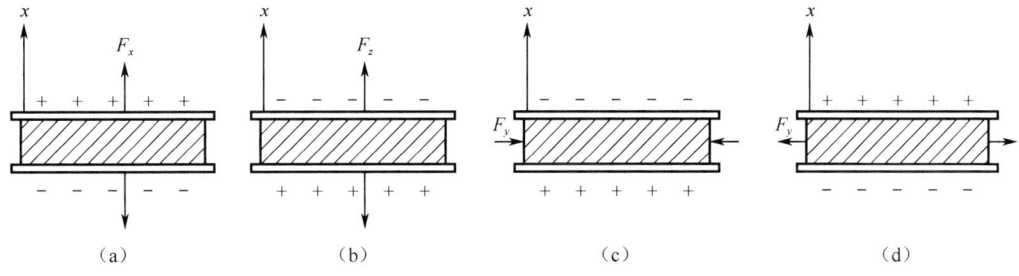

图 2-17　晶片受力方向与电荷极性的关系

3. 石英晶体的压电效应特性与其内部的分子结构

石英晶体的上述特性与其内部的分子结构有关。图2-18所示为一个单元组体中构成石英晶体的硅离子和氧离子在垂直于z轴的xOy平面上的等效投影，为一个正六边形。正负离子分布于正六边形的顶点上，形成三个互成120°夹角的电偶极矩，三个正离子和三个负离子分别连接，组成两个正三角形，此时，两个正三角形的重心重合，即正负电荷相互平衡，电偶极矩的矢量和为0，整个晶体呈电中性，如图2-18（a）所示。

（1）石英晶体受沿x轴方向施加的作用力。

石英晶体沿x轴方向产生压缩变形，正负离子的相对位置发生变动，如图2-18（b）所示。此时，两个三角形的重心不再重合，即正负电荷失衡，在x轴的上方出现正电荷，在y轴方向不出现电荷（如果是受拉力作用，则出现的电荷极性方向相反，即上方为负电荷，下方为正电荷）。

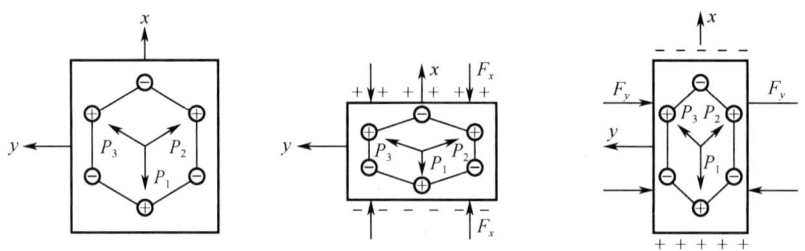

图2-18 石英晶体压电效应示意图

（2）石英晶体受沿y轴方向施加的作用力。

石英晶体沿y轴方向产生压缩变形，正负离子的相对位置发生变动，如图2-18（c）所示。此时，两个三角形的重心不再重合，即正负电荷失衡，在x轴的上方出现负电荷，下方出现正电荷。在y轴方向不出现电荷（如果是受拉力作用，则出现的电荷极性方向相反，即上方为正电荷，下方为负电荷）。

（3）石英晶体受沿z轴方向施加的作用力。

因为石英晶体在x轴方向和y轴方向所产生的变形完全相同，此时，两个三角形的重心仍然重合，即正负电荷相互平衡，因此不会产生压电效应。

（三）压电陶瓷的压电效应

压电陶瓷是人工制造的多晶体压电材料。原始的压电陶瓷没有压电效应，陶瓷烧结后由自发的电偶极矩形成的微小极化区域称为电畴。

压电陶瓷内部的晶粒有许多电畴，它有一定的极化方向，从而存在电场。在无外电场作用时，电畴在晶体中杂乱分布，各自的极化效应被相互抵消，压电陶瓷内极化强度为零。因此，原始的压电陶瓷呈电中性，不具有压电效应，如图2-19（a）所示。

在压电陶瓷上施加外电场时，电畴的极化方向发生转动，趋向于按外电场方向的排列，从而使材料得到极化。外电场越强，就有越多电畴更完全地转向外电场方向。当外电场强度大到使材料的极化达到饱和，即所有电畴的极化方向都整齐地与外电场方向一致时，去除外电场后，电畴的极化方向发生变化，即剩余极化强度很大，这时的材料才具有压电效应,如图2-19(b)所示。

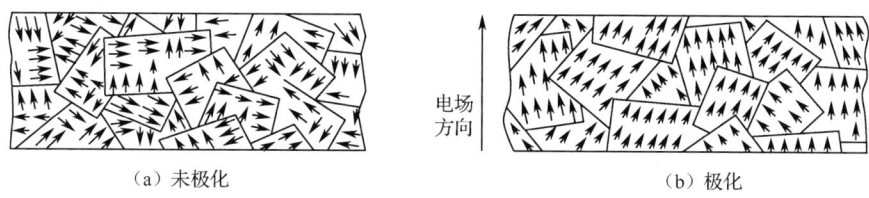

图2-19 压电陶瓷的极化

极化后的压电陶瓷受温度影响,使压电效应减弱。刚刚极化后的压电陶瓷的特性不是很稳定,经两三个月才近似为常数,经两年后,又会下降,所以压电式传感器要经常校准修正。

极化后的压电陶瓷内部存在很高的剩余极化强度,当压电陶瓷受到外力作用时,电畴的界限发生移动,电畴发生偏转,从而引起剩余极化强度的变化,因而在垂直于极化方向的平面上将出现极化电荷的变化。这种因受力而产生的由机械效应转换成电效应,将机械能转换成电能的现象,就是压电陶瓷的正压电效应。

对于压电陶瓷,通常取它的极化方向为 z 轴,垂直于 z 轴的平面上的任何直线都可作为 x 轴或 y 轴,这是和石英晶体的不同之处。当压电陶瓷在沿极化方向受力时,在垂直于 z 轴的上、下平面上将出现电荷,如图2-20(a)所示。

其电荷量为

$$q = d_{33}f_z$$

式中,d_{33}——压电陶瓷的纵向压电常数。

压电陶瓷在受到如图2-20(b)所示的沿 y 轴方向施加的作用力 f_y 或沿 x 轴方向施加的作用力 f_x 时,在垂直于 z 轴的上、下平面上分别出现负、正电荷,其电荷量为

$$q = -d_{32}f_y\frac{A_z}{A_y} = -d_{31}f_x\frac{A_z}{A_x} \tag{2-32}$$

式中,A_z——极化面面积;

A_x、A_y——受力面面积;

d_{32}、d_{31}——压电陶瓷的横向压电常数。

当压电陶瓷产生体积变形时,其受力与产生电荷的极性如图2-20(c)所示。

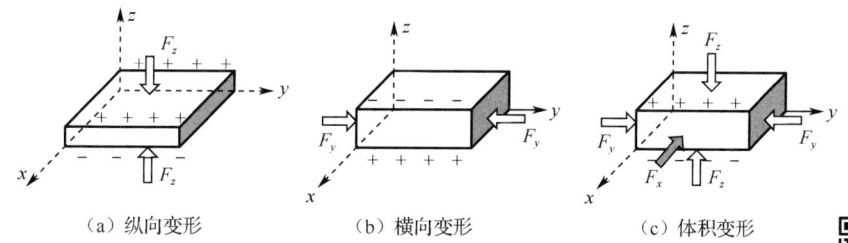

(a)纵向变形   (b)横向变形   (c)体积变形

图2-20 压电陶瓷的变形方式

(四)压电材料

15 压电材料

压电材料可分为三大类:压电晶体(单晶),如石英晶体等;压电陶瓷(多晶),如钛

酸钡、锆钛酸铅等；新型压电材料，包括压电半导体材料（如硫化锌）和高分子压电材料。

压电材料的主要特性参数如下。

（1）压电系数：衡量压电效应强弱的参数，它直接关系到压电输出灵敏度。

（2）弹性系数：压电材料的弹性常数、刚度决定着压电元件的固有频率和动态特性。

（3）相对介电常数：对于一定形状、尺寸的压电元件，其固有电容与相对介电常数有关；而固有电容又影响压电式传感器的频率下限。

（4）居里点温度：压电材料开始丧失压电特性的温度。

常用的压电材料的特性参数如表2-4所示。

表2-4 常用的压电材料的特性参数

特性参数	压电材料				
	石英晶体	钛酸钡	锆钛酸铅（PZT）		
			PZT-4	PZT-5	PZT-8
压电系数/(10^{-12}C·N^{-1})	d_{11}=2.31 d_{14}=0.73	d_{15}=260 d_{31}=−78 d_{33}=190	d_{15}=410 d_{31}=−100 d_{33}=230	d_{15}=670 d_{31}=−185 d_{33}=600	d_{15}=330 d_{31}=−90 d_{33}=200
弹性系数/(10^9N·m^{-2})	80	110	115	117	123
相对介电常数	4.5	1200	1050	2100	1000
机械品质因数	10^5~10^6	—	600~800	80	1000
体积电阻率/(Ω·m)	>10^{12}	10^{10}	>10^{10}	10^{11}	—
居里点温度/℃	573	115	310	260	300
密度/(10^3kg·m^{-3})	2.65	5.5	7.45	7.5	7.45
静抗拉强度/(10^5N·m^{-2})	95~100	81	76	76	83

选取合适的压电材料是设计、制作高性能传感器的关键，一般应考虑以下因素。

（1）转换性能：具有较大的压电系数。

（2）机械性能：压电元件作为受力元件，希望它的机械强度高、刚度大，以获得宽的线性范围和高的固有振荡频率。

（3）电性能：希望具有高的体积电阻率和大的相对介电常数，以减弱外部分布电容的影响并获得良好的低频特性。

（4）环境适应性：温度和湿度稳定性要好，要求具有较高的居里点温度，获得较宽的工作温度范围。

（5）时间稳定性：压电特性不随时间退化。

1. 压电晶体

石英晶体是一种具有良好压电特性的压电晶体，在几百摄氏度的温度范围内，其相对介电常数和压电系数几乎不随温度变化。它有很大的机械强度和稳定的机械性能。但是石英晶体的价格昂贵，且压电系数比压电陶瓷小很多，因此一般仅用于标准仪表或要求较高的传感器中。

2. 压电陶瓷

压电陶瓷既有较大的压电系数,又有制作工艺简单、耐湿、耐高温等优点,因而发展迅速,应用极为广泛。主要有以下几种。

(1) 钛酸钡压电陶瓷。

最早使用的压电陶瓷是钛酸钡压电陶瓷。它是由碳酸钡和二氧化钛按1∶1摩尔分子比例混合后烧结而成的。它的压电系数约为石英晶体的50倍,但居里点温度只有115℃,使用温度不超过70℃,温度稳定性和机械强度都不如石英晶体。

(2) 锆钛酸铅压电陶瓷。

目前使用较多的压电陶瓷是锆钛酸铅压电陶瓷,它是由钛酸铅和锆酸铅组成的。居里点温度在300℃以上,性能稳定,有较大的相对介电常数和压电系数。

3. 新型压电材料

(1) 压电半导体材料。

压电半导体材料有氧化锌、硫化镉、碲化镉等,由此类材料制成的力敏传感器具有灵敏度高、响应时间短等优点。

(2) 高分子压电材料。

某些合成高分子聚合物薄膜经延展拉伸和电场极化后,具有一定的压电性能,这类薄膜称为高分子压电薄膜。目前常见的高分子压电薄膜有聚二氟乙烯、聚氟乙烯、聚氯乙烯等。高分子压电材料是一种柔软的压电材料,不易破碎。可以大量生产和制成较大的面积。如果将压电陶瓷粉末加入高分子化合物,则可以制成高分子-压电陶瓷薄膜,它既保持了高分子压电薄膜的柔软性,又有较大的压电系数,是一种很有发展潜力的压电材料。

(五) 压电式传感器的等效电路

压电式传感器对被测量的变化是通过其压电元件产生的电荷量来反映的,因此压电式传感器等效为一个电容,正、负电荷聚集的两个表面相当于电容的两个极板,极板间的物质相当于一种介质,其电容为

16 压电式传感器等效电路

$$C_a = \frac{\varepsilon_r \varepsilon_0 A}{d} \tag{2-33}$$

式中,A ——压电元件的面积;
d ——压电元件的厚度;
ε_r ——压电材料的相对介电常数。

当压电元件受外力作用时,其两个表面产生等量的正、负电荷,此时,压电元件的开路电压为

$$U = \frac{q}{C_a} \tag{2-34}$$

因此,压电式传感器可以等效为一个与电容串联的电压源,如图2-21(a)所示。压电式传感器也可以等效为一个电荷源和一个电容的并联,如图2-21(b)所示。

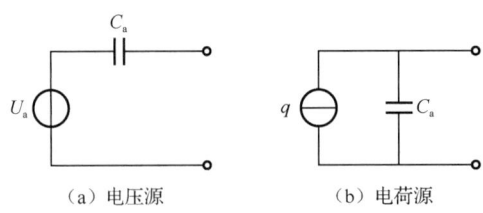

图 2-21 压电式传感器的等效电路

由于外力作用而在压电材料上产生的电荷只有在无泄漏的情况下才能保存,即需要测量转换电路具有无限大的输入阻抗,这实际上是不可能的。因此,压电式传感器不能用于静态测量。压电材料在交变力的作用下,电荷可以不断补充,以供给测量回路一定的电流,故适用于动态测量。

压电式传感器在实际使用时总要与测量仪器或测量回路相连,因此还需要考虑连接电缆的等效电容 C_c、放大器的输入电阻 R_i、输入电容 C_i 及压电式传感器的泄漏电阻 R_a。压电式传感器的实际等效电路如图 2-22 所示。

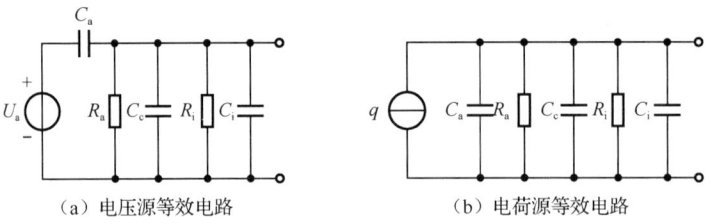

图 2-22 压电式传感器的实际等效电路

17 压电式传感器的测量电路

(六)压电元件的连接及压电式传感器的测量转换电路

1. 压电元件的连接

单片压电元件产生的电荷量甚微,为了提高压电式传感器的输出灵敏度,在实际应用中常将两片(或两片以上)同型号的压电元件黏结在一起。由于压电材料的电荷是有极性的,因此接法有并联和串联两种。

从作用力来看,压电元件是串联的,因而每片受到的作用力相同,产生的变形和电荷量都与单片时相同。图 2-23(a)所示为两片压电元件的相同极性端黏结在一起,中间插入的金属电极成为压电元件的负极,正极在两边的电极上。从电路上看,压电元件是并联的,类似两个电容的并联。所以,外力作用下正负电极上的电荷量增加了一倍,电容也增大了一倍,输出电压与单片时相同。图 2-23(b)所示为两片压电元件的不同极性端黏结在一起,从电路上看是串联的,压电元件的中间黏结处正负电荷中和,上、下极板的电荷量与单片时相同,总电容为单片电容的一半,输出电压增大了一倍。

在上述两种接法中,并联的输出电荷大,本身电容大,时间常数大,适用于测量慢变信号且以电荷为输出的场合。而串联的输出电压大,本身电容小,适用于以电压为输出信号且测量转换电路输入阻抗很高的场合。

压电式传感器在测量低压力时线性度不好,主要是因为传感器受力系统中力传递系数为非线性,即低压力下力的传递损失较大。为此,在力传递系统中加入预加力,称为预载。除了可以消除低压力使用中的非线性，还可以消除传感器内外接触表面的间隙，提高刚度。特别地，它只有在加预载后才能用压电式传感器测量拉力和拉、压交变力及剪力和扭矩。

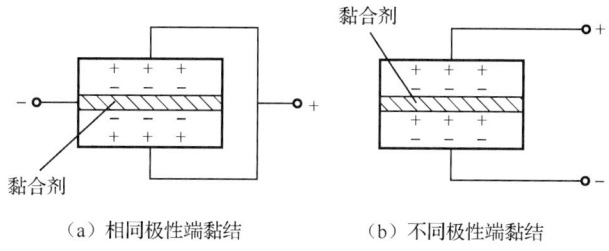

（a）相同极性端黏结　　　　　（b）不同极性端黏结

图 2-23　压电元件的连接

2. 压电式传感器的测量转换电路

压电式传感器本身的内阻抗很高，而输出能量较小，因此它的测量转换电路通常需要接入一个高输入阻抗的前置放大器。其作用为：一是把它的高输出阻抗转换为低输出阻抗；二是放大传感器输出的微弱信号。压电式传感器的输出可以是电压信号，也可以是电荷信号，因此前置放大器有两种形式：一种是电压放大器，一般称为阻抗变换器，其输出电压与输入电压（传感器的输出电压）成正比；另一种是电荷放大器，其输出电压与输入电荷成正比。这两种放大器的主要区别是：使用电压放大器时，测量系统对电缆电容的变化很敏感，连接电缆长度的变化明显影响测量系统的输出；而使用电荷放大器时，连接电缆长度变化的影响几乎可忽略不计。但与电压放大器相比，电荷放大器的价格高得多，电路也较复杂，调整起来比较困难。

（1）电压放大器。

图 2-24 所示为电压放大器电路原理图及其等效电路。

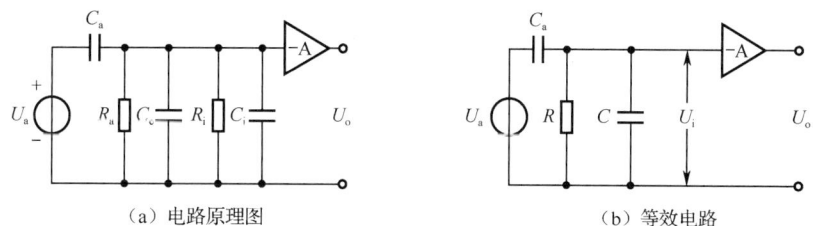

（a）电路原理图　　　　　　　　（b）等效电路

图 2-24　电压放大器电路原理图及其等效电路

将图中的 R_a、R_i 并联成为等效电阻 R，将 C_c、C_i 并联为等效电容 C，则

$$R = \frac{R_a R_i}{R_a + R_i}; \quad C = C_c + C_i$$

若压电元件受正弦力 $f = F_m \sin \omega t$ 的作用，则其电荷量为

$$q = df = dF_m \sin \omega t \tag{2-35}$$

式中，d——压电系数。

对应的电压为

$$U_a = \frac{q}{C_a} = \frac{dF_m \sin \omega t}{C_a} = U_m \sin \omega t \tag{2-36}$$

式中，U_m——压电元件输出电压幅值，$U_\mathrm{m} = \dfrac{dF_\mathrm{m}}{C_\mathrm{a}}$。

因此，送到放大器输入端的电压为

$$\dot{U}_\mathrm{i} = \dfrac{\dfrac{R\dfrac{1}{\mathrm{j}\omega C}}{R+\dfrac{1}{\mathrm{j}\omega C}}}{\dfrac{1}{\mathrm{j}\omega C_\mathrm{a}}+\dfrac{R\dfrac{1}{\mathrm{j}\omega C}}{R+\dfrac{1}{\mathrm{j}\omega C}}}\dot{U}_\mathrm{a} = \dfrac{\mathrm{j}\omega R}{1+\mathrm{j}\omega R(C+C_\mathrm{a})}d\dot{F} \qquad (2\text{-}37)$$

U_i 的幅值 U_im 为

$$U_\mathrm{im} = \dfrac{dF_\mathrm{m}\omega R}{\sqrt{1+\omega^2 R^2(C_\mathrm{a}+C_\mathrm{c}+C_\mathrm{i})^2}} \qquad (2\text{-}38)$$

输入电压与作用力之间的相位差为

$$\varphi = \dfrac{\pi}{2} - \arctan[\omega R(C_\mathrm{a}+C_\mathrm{c}+C_\mathrm{i})] \qquad (2\text{-}39)$$

令 $\tau = R(C_\mathrm{a}+C_\mathrm{c}+C_\mathrm{i})$，称为测量回路时间常数，并令 $\omega_0 = \dfrac{1}{\tau}$，则

$$U_\mathrm{im} = \dfrac{dF_\mathrm{m}\omega R}{\sqrt{1+\left(\dfrac{\omega}{\omega_0}\right)^2}} \approx \dfrac{dF_\mathrm{m}}{C_\mathrm{a}+C_\mathrm{c}+C_\mathrm{i}} \qquad (2\text{-}40)$$

分析式（2-40）可知，如果 $\dfrac{\omega}{\omega_0}\gg 1$，即作用力变化频率与测量回路时间常数的乘积远大于 1，则前置放大器的输入电压 U_im 与该频率无关。一般认为 $\dfrac{\omega}{\omega_0}\gg 3$ 时，可近似看作输入电压与作用力变化频率无关。这表明，在测量回路时间常数一定的条件下，压电式传感器有很好的高频响应。

但是，当作用于压电元件的力为静态力（$\omega = 0$）时，前置放大器的输出电压等于零，因为电荷会通过放大器输入电阻和传感器本身漏电阻漏掉，所以压电式传感器不能用于静态测量。

当改变连接传感器与前置放大器的电缆长度时，C_c 也将改变，放大器的输出电压随之发生变化。因此，压电式传感器与前置放大器之间的连接电缆长度不能随意更改，否则将引入测量误差。

（2）电荷放大器。

电荷放大器常作为压电式传感器的输入电路，由一个反馈电容 C_f 和高增益运算放大器构成。由于运算放大器的输入阻抗极高，放大器输入端几乎没有分流，故可略去 R_a 和 R_i 并联电阻。其等效电路如图 2-25 所示。

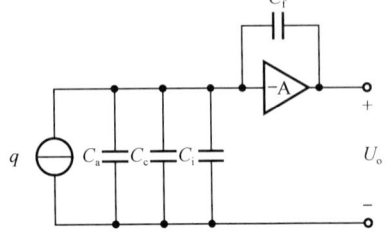

图 2-25　电荷放大器等效电路

输入到放大器的电荷量为

$$q_i = q - q_f \tag{2-41}$$

由图 2-25 可知

$$U_o = -AU_i = -A\frac{q_i}{C_i + C_c + C_a} \tag{2-42}$$

式中，A——放大器的开环增益。所以

$$q_i = -\frac{U_o}{A}(C_c + C_i + C_a) \tag{2-43}$$

而

$$q_f = (U_i - U_o)C_f = \left(-\frac{U_o}{A} - U_o\right)C_f = -(1+A)\frac{U_o}{A}C_f \tag{2-44}$$

由式（2-41）～式（2-44）整理得到放大器的输出电压为

$$U_o = \frac{-Aq}{C_i + C_c + C_a + (1+A)C_f} \tag{2-45}$$

分析式（2-45），当 $A \gg 1$，上式可化简为

$$U_o \approx -\frac{q}{C_f} \tag{2-46}$$

由式（2-46）可以看出。当 A 足够大时，输出电压与 A 无关，电荷放大器的输出电压仅与传感器产生的电荷量 q 及放大器的反馈电容 C_f 有关，改变 C_f 的大小便可得到所需的输出电压。而传感器本身的电容 C_a 和 C_c 不影响电荷放大器的输出。

四、任务实施

1. 原理图

压电式玻璃破碎报警器电路如图 2-26 所示。

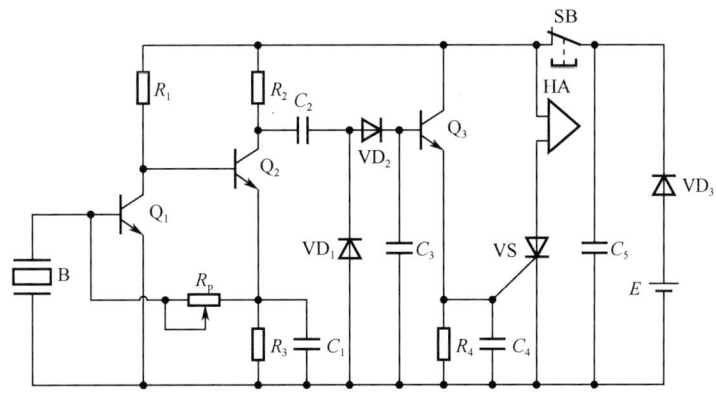

图 2-26 压电式玻璃破碎报警器电路

2. 电路分析

压电陶瓷 B 将被撞击的玻璃的振动信号或响声转换成电信号，这个极其微弱的电信号经过三极管 Q_1 和 Q_2 构成的放大器放大后，利用 C_2 从 Q_2 的集电极上取出，经二极管 VD_1 和

VD_2 倍压整流后使 Q_3 导通，Q_3 导通后在 R_4 两端产生的压降使单向可控硅 VS 导通并锁存，于是报警喇叭 HA 通电反复发出报警声。这时，只有按下 SB，方可解除报警。调整电位器 R_P 的阻值，可以微调信号放大器的增益，使报警的灵敏度合乎使用环境要求。

3. 元件清单

压电式玻璃破碎报警器电路的元件清单如表 2-5 所示。

表 2-5 压电式玻璃破碎报警器电路的元件清单

序 号	元件代号	名 称	参 数
1	B	压电式传感器	HTD27A-1 型压电陶瓷
2	R_1	电阻	4.7kΩ
3	R_2	电阻	4.7kΩ
4	R_3	电阻	1kΩ
5	R_4	电阻	1kΩ
6	R_P	电位器	WH7 型微调电位器
7	Q_1	三极管	9014
8	Q_2	三极管	9014
9	Q_3	三极管	9014
10	VD_1	二极管	1N4001
11	VD_2	二极管	1N4001
12	VD_3	二极管	1N4001
13	VS	单向可控硅	1A、100V
14	C_1	电容	4.7μF 电解电容
15	C_2	电容	1μF 电解电容
16	C_3	电容	1μF 电解电容
17	C_4	电容	0.1μF 电解电容
18	C_5	电容	1000μF 电解电容
19	HA	报警喇叭	LQ46-88D 型
20	SB	开关	常闭型复位按钮开关
21	E	电池	12V

4. 项目制作

（1）准备。

元件：按元件清单备齐。

工具：电烙铁、烙铁架、焊锡丝、松香、剪刀、尖嘴钳、螺丝刀、镊子、万用表和直流稳压电源。

（2）元件测试。

压电陶瓷的好坏可以用万用表进行检测。从压电陶瓷上引出两根引线，把它平放在桌子上,将两根引线与万用表的两只表笔分别接好,用铅笔的橡皮头轻轻压在压电陶瓷上,此时若万用表指针有明显摆动,则说明压电陶瓷是好的。

(3) 焊接。

元件在焊接时要遵循"先低后高"的原则,先焊接小元件,后焊接大元件。

(4) 检查。

焊接完成后先自查,再让老师检查。

(5) 通电调试。

调整电位器 R_p 的阻值,可以微调信号放大器的增益,使报警器的灵敏度合乎使用环境要求。

(6) 完成实训报告。

实训报告包括任务设计与制作的意义、检查电路设计、制作与调试、检测结果与分析。

五、任务评价

压电式玻璃破碎报警器电路的制作评价如表 2-6 所示。

表 2-6 压电式玻璃破碎报警器电路的制作评价

序 号	名 称	分 值	考 核 点	得 分
1	资讯	10	压电陶瓷的特性、检测方法,电路的工作原理、调试方法	
2	计划	20	列出元件、工具、耗材,制定安装流程与测试步骤	
3	实施	40	能正确使用仪器仪表和工具,能识别、检测元件,能设计电路布局,焊接、调试电路	
4	报告	15	格式规范、项目分析、实施、过程记录情况、想法、建议	
5	素养	15	态度、工作记录、团队合作能力、5S 管理原则(整理、整顿、清扫、清洁、素养)	

六、任务拓展

压电式传感器具有使用频带宽、灵敏度高、信噪比高、结构简单、工作可靠及质量轻等优点。

1. 玻璃破碎报警装置

BS-D2 压电式传感器是专门用于检测玻璃破碎的一种报警装置,它利用压电元件对振动敏感的特性来感知玻璃受撞击和破碎时产生的振动波。传感器把振动波转换成电压输出,输出电压经放大、滤波、比较等处理后提供给报警系统。

BS-D2 压电式传感器的外形及内部电路如图 2-27 所示。传感器的最小输出电压为 100mV,最大输出电压为 100V,内阻抗为 15~20kΩ。

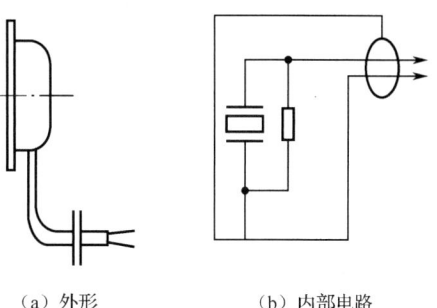

(a) 外形　　(b) 内部电路

图 2-27 BS-D2 压电式传感器的外形及内部电路

压电式玻璃破碎报警器电路的框图如图 2-28 所示。使用时将传感器用胶粘贴在玻璃上,通过电缆和报警电路相连。为了提高报警器的灵敏度，信号经放大后，必须经过带通滤波器进行滤波，要求它对选定的频谱通带的衰减要小，而频带外衰减要尽量大。由于玻璃振动的波长在音频和超声波范围内，因此滤波器成为电路中的关键。只有当传感器输出信号高于设定的阈值时，才会输出报警信号，驱动执行机构工作。

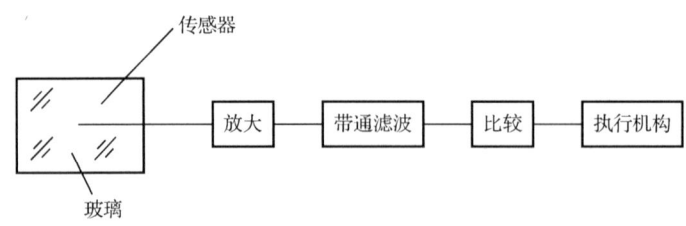

图 2-28　压电式玻璃破碎报警器电路的框图

压电式玻璃破碎报警器电路可广泛用于文物保管、贵重商品的保管及其他商品柜台保管等场合。

2. 压电式加速度传感器

YD 系列压电式加速度传感器如图 2-29 所示。它主要由压电元件、质量块、预压弹簧、基座、外壳及螺栓组成。整个部件装在外壳内，并由螺栓加以固定。

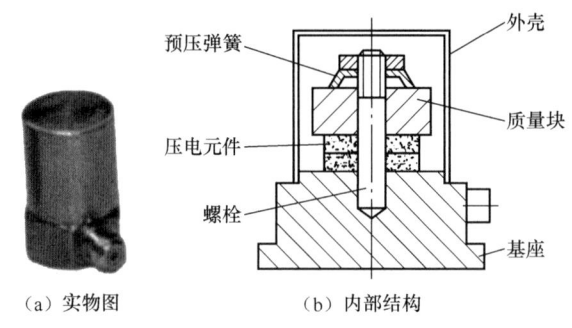

（a）实物图　　（b）内部结构

图 2-29　YD 系列压电式加速度传感器

当压电式加速度传感器和试件一起受到冲击振动时，质量块感受与传感器基座相同的振动，并受到与加速度方向相反的惯性力作用。这样，质量块就有一个正比于加速度的交变力作用在压电元件上。由于压电元件的压电效应，两个表面上产生交变电荷，当振动频率远低于传感器的固有频率时，传感器的输出电荷（电压）与作用力成正比，即与试件的加速度成正比。

输出电压由传感器输出端引出，输入到前置放大器后就可以用普通的测量仪器测出试件的加速度，如在放大器中加入适当的积分电路，就可以测出试件的振动速度或位移。

3. 压电式测力传感器

压电式测力传感器是以压电元件为转换元件，输出电荷与作用力成正比的力-电转换装置。YDS-78 型压电式单向测力传感器的结构如图 2-30 所示，它主要由基座、上盖、石英晶片、电极及绝缘套等组成，主要用于变化频率不太高的动态测量，测力范围达几十千牛，非线性误差小于1%，固有频率可达几千赫兹。

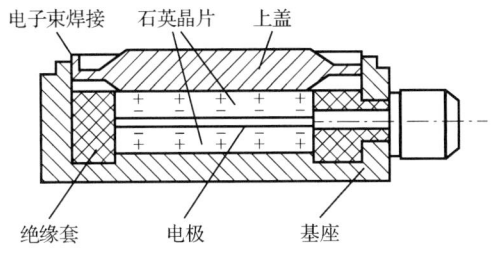

图 2-30　YDS-78 型压电式单向测力传感器的结构

压电式测力传感器的典型应用有：在测试车床动态切削力、轴承支座反力及表面粗糙度测量仪中作为力传感器。使用时，压电元件装配时必须施加较大的预应力，以消除各部件与压电元件之间、压电元件之间因接触不良而引起的非线性误差，使传感器工作在线性范围。

【项目梳理思维导图】

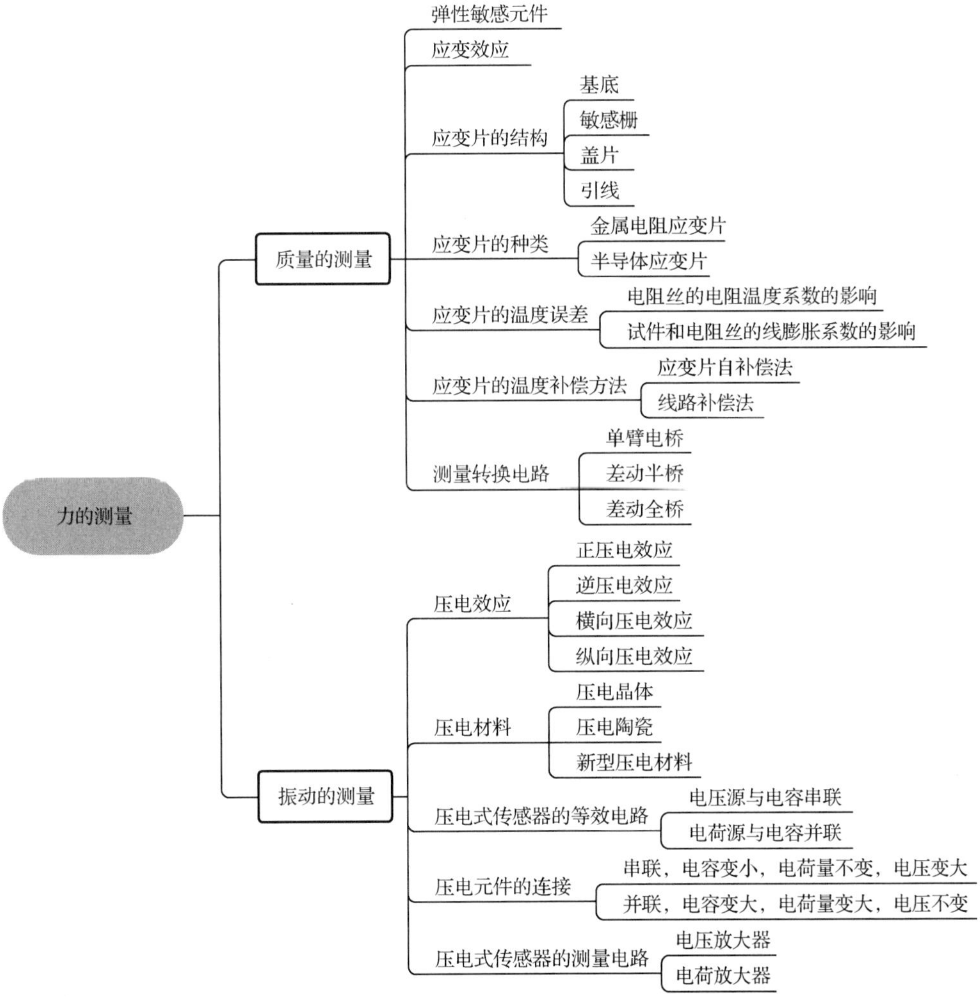

【项目实训】

金属箔式应变片——单臂电桥性能实验

一、实验目的

了解金属箔式应变片的应变效应、单臂电桥的工作原理和性能。

二、基本原理

电阻丝在外力作用下发生机械变形时，其阻值发生变化，这就是电阻应变效应。电阻应变式传感器主要由金属电阻应变片、弹性敏感元件及测量转换电路（电桥电路）等组成。描述电阻应变效应的关系式为

$$\Delta R/R = K\varepsilon$$

式中，$\Delta R/R$ ——电阻丝阻值的相对变化量；

K ——应变灵敏度；

ε ——电阻丝长度的相对变化量，$\varepsilon = \Delta l/l$。

金属箔式应变片就是通过光刻、腐蚀等工艺制成的应变敏感元件，通过它感应被测部位的受力方向变化，电桥电路的作用是完成电阻到电压的比例变化，电桥电路的输出电压反映了相应的受力方向。单臂电桥输出电压 $U_{o1} = EK\varepsilon/4$。

三、实验器件

CGQ-001 实验模块、CGQ-013 实验模块、电阻应变式传感器、砝码、电压表、±15V 电源、±4V 电源、万用表。

四、实验步骤

1. 图 2-31 所示为电阻应变式传感器的安装示意图。传感器中各应变片已接入实验模块左上方的 R_1、R_2、R_3、R_4。加热丝也接于模块上，可用万用表进行测量判别，$R_1 = R_2 = R_3 = R_4 = 350\Omega$，加热丝阻值为 50Ω 左右。

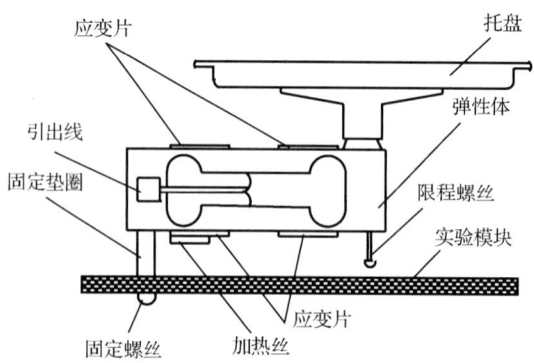

图 2-31 电阻应变式传感器的安装示意图

2. 实验模块接入±15V 电源（从主控箱引入），检查无误后，合上主控箱电源开关，先将 CGQ-001 实验模块上的调节增益电位器 R_{W1} 顺时针调节到中间位置，再进行差动放大器

调零，方法为将差动放大器的正、负输入端与地短接，输出端与主控箱面板上的电压表电压输入端 V_i 相连，调节实验模块上调零电位器 R_{W2}，使电压表显示为零（电压表的切换开关打到2V挡），关闭主控箱电源。

3．将CGQ-013实验模块上的电阻应变式传感器的其中一个应变片 R_1（模块左上方的 R_1）接入电桥电路作为一个桥臂，与 R_5、R_6、R_7 接成直流电桥（R_5、R_6、R_7 模块内已连接好），接好电桥调零电位器 R_{W1}，接上±4V电源（从主控箱引入），如图2-32所示。检查接线无误后，合上主控箱电源开关。调节 R_{W1}，使电压表显示为零。

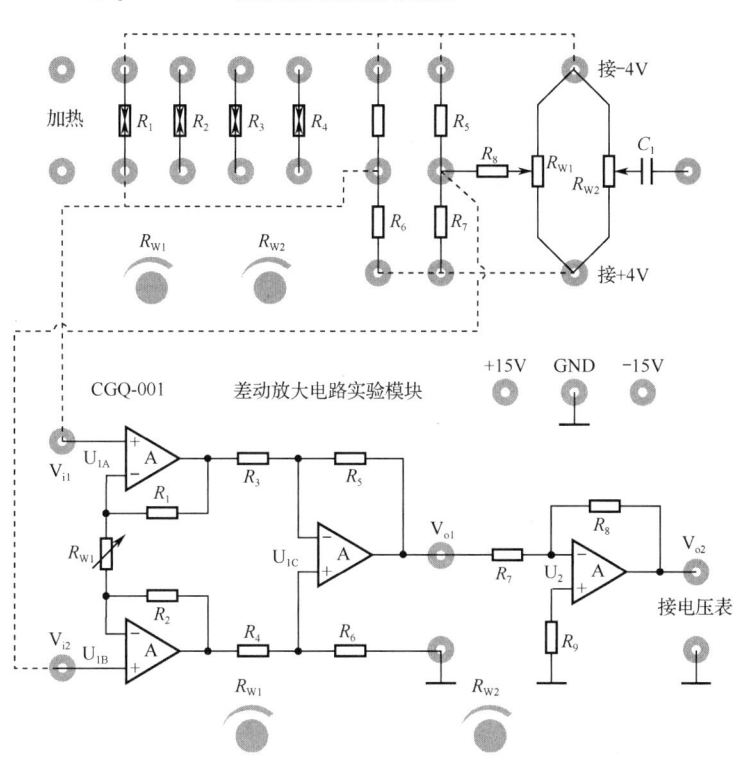

图2-32 单臂电桥性能实验接线图

4．在电子秤上放置一只砝码，读取电压表读数，依次增加砝码和读取相应的电压表读数，直到200g砝码加完。记下实验结果填入表2-7。把砝码依次拿下来，并记录相应的电压表读数，把结果填入表2-8，并画出反向特性曲线。

表2-7 单臂电桥输出电压与加负载质量

质量/g									
电压/mV									

表2-8 单臂电桥输出电压与减负载质量

质量/g									
电压/mV									

5. 根据表 2-7 和表 2-8 计算系统灵敏度 S，$S=\Delta u/\Delta W$（Δu 为输出电压变化量、ΔW 为质量变化量）。计算线性误差：$\delta_{f1}=\Delta m/y_{FS}\times 100\%$，$\Delta m$ 为输出（多次测量时为平均值）与理想特性曲线的最大偏差；y_{FS} 为满量程输出平均值，此处为 200g。

实验完毕，关闭主控箱电源。

五、思考题

1. 采用单臂电桥时，作为桥臂电阻应变片应选用哪种：（1）正（受拉）应变片；（2）负（受压）应变片；（3）正、负应变片均可。
2. 根据实验结果，画出实验正向和反向特性曲线，并分析。
3. 传感器产生误差的原因有哪些？

金属箔式应变片——差动半桥性能实验

一、实验目的

比较差动半桥与单臂电桥的不同性能，了解其特点。

二、基本原理

不同受力方向的两片应变片接入电桥电路作为邻边，电桥电路的输出灵敏度提高，非线性得到改善。当两片应变片阻值和应变相同时，其输出电压 $U_{o2}=EK\varepsilon/2$。

三、实验器件

CGQ-001 实验模块、CGQ-013 实验模块、电阻应变式传感器、砝码、电压表、±15V 电源、±4V 电源、万用表。

四、实验步骤

1. 将实验模块接入±15V 电源（从主控箱引入），检查无误后，合上主控箱电源开关，先将 CGQ-001 实验模块上的调节增益电位器 R_{W1} 顺时针调节到中间位置，再进行差动放大器调零，方法为将差动放大器的正、负输入端与地短接，输出端与主控箱面板上的电压表电压输入端 V_i 相连，调节实验模块上的调零电位器 R_{W2}，使电压表显示为零（电压表的切换开关打到 2V 挡），关闭主控箱电源。

2. 根据图 2-33 接线。R_1、R_2 为 CGQ-013 实验模块左上方的应变片，注意 R_2 应和 R_1 受力方向相反，即将传感器中两片受力相反（一片受拉力、一片受压力）的应变片作为电桥电路的邻边。接入±4V 电源，调节 R_{W1} 进行调零，实验步骤 3、4 同单臂电桥性能实验的步骤 4、5 一致，将实验数据填入表 2-9，计算灵敏度 $S=\Delta u/\Delta W$ 和非线性误差 δ_{f2}。若实验时无数值显示，则说明 R_2 与 R_1 受力方向相同，应更换另一片应变片。

表 2-9 差动半桥测量时输出电压与加负载质量

质量/g									
电压/mV									

实验完毕，关闭主控箱电源。

项目 2 力的测量

五、思考题

1. 差动半桥测量时两片受力方向相反的应变片接入电桥电路时，应放在：（1）对边；（2）邻边。

2. 差动半桥测量时存在非线性误差，是因为：（1）电桥测量原理上存在非线性；（2）应变片的应变效应是非线性的；（3）调零值不是真正为零。

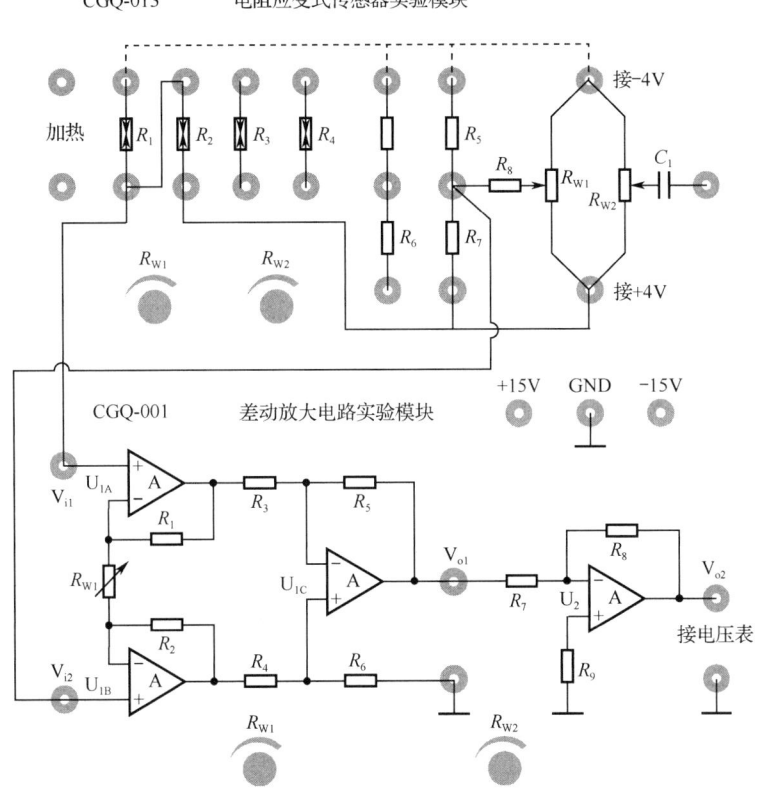

图 2-33 差动半桥性能实验接线图

金属箔式应变片——差动全桥性能实验

一、实验目的

了解差动全桥的优点。

二、基本原理

在差动全桥中，将受力状态相同的两片应变片接入电桥电路对边，受力状态相反的接入邻边，当应变片初始阻值 $R_1=R_2=R_3=R_4$，其变化量 $\Delta R_1=\Delta R_2=\Delta R_3=\Delta R_4$ 时，输出电压 $U_{o3}=KE\varepsilon$。其输出灵敏度比差动半桥提高了一倍，非线性误差和温度误差均得到了改善。

三、实验器件

CGQ-001 实验模块、CGQ-013 实验模块、电阻应变式传感器、砝码、电压表、±15V

电源、±4V 电源、万用表。

四、实验步骤

1. 将实验模块接入±15V 电源（从主控箱引入），检查无误后，合上主控箱电源开关，先将 CGQ-001 实验模块上的调节增益电位器 R_{W1} 顺时针调节到中间位置，再进行差动放大器调零，方法为将差动放大器的正、负输入端与地短接，输出端与主控箱面板上的电压表电压输入端 V_i 相连，调节实验模块上的调零电位器 R_{W2}，使电压表显示为零（电压表的切换开关打到 2V 挡）；关闭主控箱电源。

2. 根据图 2-34 接线，R_1、R_2 为 CGQ-013 实验模块左上方的应变片，注意 R_2 应和 R_1 受力方向相反，即将传感器中两片受力相反（一片受拉力、一片受压力）的应变片作为电桥电路的邻边。将实验结果填入表 2-10，进行灵敏度和非线性误差的计算。

表 2-10 差动全桥输出电压与加负载质量

质量/g							
电压/mV							

实验完毕，关闭主控箱电源。

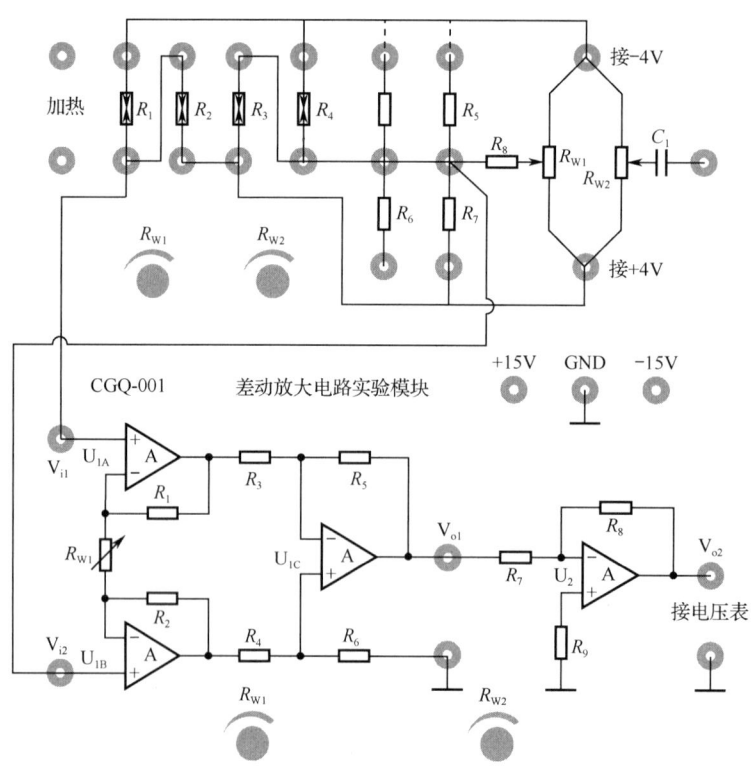

图 2-34 差动全桥性能实验接线图

五、思考题

1. 在差动全桥中，当两组对边（R_1、R_3为对边）的阻值相等，即$R_1 = R_3$，$R_2 = R_4$，而$R_1 \neq R_2$时，是否可以组成差动全桥：（1）可以；（2）不可以。

2. 某工程技术人员在进行材料拉力测试时在棒材上粘贴了两组应变片，如何利用这四片应变片组成电桥电路？是否需要外加电阻？

3. 差动全桥接线与差动半桥接线有什么区别？

压电式传感器测量振动实验

一、实验目的

了解压电式传感器测量振动的原理和方法。

二、基本原理

某些电介质，当沿着一定方向对其施加力而使其变形时，内部会产生极化现象，同时在它的两个表面上产生极性相反的电荷，当去除外力后，又重新恢复到不带电状态，这种现象称为压电效应。当作用力方向改变时，电荷的极性也随之改变。人们把这种机械能转换成电能的现象，称为正压电效应。相反，当在电介质极化方向施加电场时，这些电介质也会产生几何变形，这种现象称为逆压电效应（电致伸缩效应）。

压电式传感器由质量块和受压的压电陶瓷等组成（观察实验用压电加速度计结构）。工作时传感器感受与试件相同频率的振动，质量块便有正比于加速度的交变力作用在压电陶瓷上，由于压电效应，压电陶瓷上产生正比于加速度的表面电荷。

三、实验器件

压电式传感器、CGQ-006 实验模块、CGQ-012 移相、检波、低通滤波模块、CGQ-05 振动源模块、双踪示波器。

四、实验步骤

1. 首先将压电式传感器安装在 CGQ-05 振动源模块上，再将实验模块接入±15V 电源（从主控箱引入），检查无误后，合上主控箱电源开关。

2. 将低频振荡器信号接入 CGQ-05 振动源模块的低频输入源插孔。

3. 将压电式传感器输出端插入实验模块输入端，如图 2-35 所示，屏蔽线接地。将实验模块输出端 V_{o1}（若增益不够大，则 V_{o1} 接入 U_2，V_{o2} 接入低通滤波器）接入低通滤波器输入端 V_i，低通滤波器输出端 V_o 与示波器相连。

4. 合上主控箱电源开关，调节低频振荡器的频率与幅度旋钮，使振动台振动，观察示波器的波形。

5. 改变低频振荡器频率，观察输出波形的变化。

6. 用示波器的两个通道同时观察低通滤波器输入端和输出端的波形。

实验完毕，关闭主控箱电源。

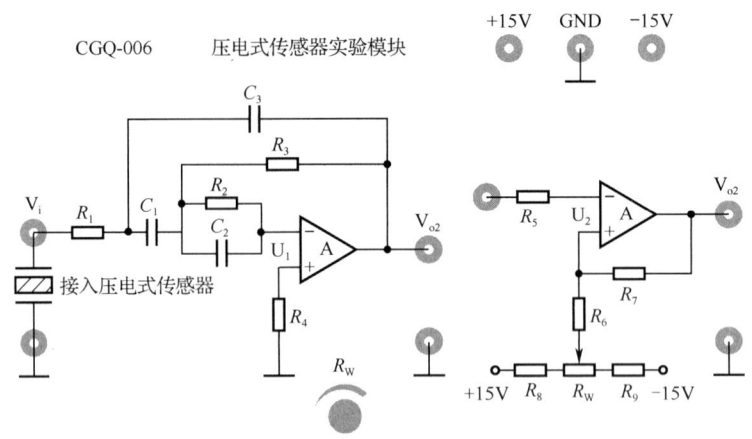

图 2-35　压电式传感器测量振动实验接线图

五、思考题

1．相敏检波器的作用是什么？
2．如何增强系统的抗干扰能力？
3．可以用直流信号作为压电式传感器的激励源吗？

【项目自测】

1．填空题

（1）电阻应变式传感器的工作原理是_____效应，将试件的_____转换成_____。

（2）电桥电路有_____、_____和_____三种接入方式。

（3）金属电阻应变片的工作原理基于_____效应，而半导体应变片基于_____效应。

（4）电阻的灵敏度的物理意义为单位应变所引起的_____。

（5）电阻应变式传感器主要由_____、_____和_____三部分构成。

（6）欲使直流电桥平衡，必须使电桥_____阻值_____相等或_____阻值之_____相等。

（7）设有一直流测量转换电路，其四个桥臂的电阻为 R_1、R_2、R_3 和 R_4，在正确使用情况下，当被测量发生变化时，R_1、R_2 增大，R_3、R_4 减小，那么，可以推断在电桥电路中与 R_1 相邻的电阻是_____。

（8）应变片由_____、_____、_____和_____构成。

（9）压电式传感器可以等效为一个_____和一个_____的并联，也可以等效为一个_____和_____的串联。

（10）压电式传感器是一种典型的发电型传感器，其以某些电介质的_____为基础，来实现非电量检测的目的。

（11）压电式传感器使用_____时，输出电压几乎不受连接电缆长度的影响。

（12）压电式传感器的输出必须先经过前置放大器处理，此时放大电路有_____和_____两种形式。

（13）某些电介质当沿一定方向对其施加力而变形时，内部会产生极化现象，同时在它的表面上产生符号相反的电荷，当去除外力后又恢复为不带电状态，这种现象称为_____；在介质极化方向施加电场时电介质会产生变形，这种现象称为_____。

（14）压电材料主要有_____、_____、_____。

2．选择题

（1）在电阻应变式传感器的测量转换电路中，（　　）的灵敏度最高。
A．单臂电桥　　　　B．差动半桥　　　　C．差动全桥

（2）通常用电阻应变式传感器测量（　　）。
A．温度　　　　B．密度　　　　C．加速度　　　　D．电阻

（3）影响金属材料应变灵敏度 K 的主要因素是（　　）。
A．材料电阻率的变化　　　　B．材料几何尺寸的变化
C．材料物理性质的变化　　　　D．材料化学性质的变化

（4）差动半桥的电压灵敏度是单臂电桥的（　　）。
A．不变　　　　B．两倍　　　　C．四倍　　　　D．六倍

（5）制作应变片敏感栅的材料中，用得最多的金属材料是（　　）。
A．铜　　　　B．铂　　　　C．康铜　　　　D．镍镉合金

（6）压电元件受力的方向与产生电荷的极性（　　）。
A．无关　　　　B．有关
C．有时有关，有时无关　　　　D．随机

（7）压电式加速度传感器是（　　）信号的传感器。
A．适合测量任意　　　　B．适合测量直流
C．适合测量缓变　　　　D．适合测量交流

（8）沿石英晶体的 z 轴方向施加作用力时，（　　）。
A．晶体不产生压电效应　　　　B．在晶体的 x 轴方向产生电荷
C．在晶体的 y 轴方向产生电荷　　　　D．在晶体的 z 轴方向产生电荷

（9）在电介质极化方向施加电场，电介质产生变形的现象称为（　　）。
A．正压电效应　　　　B．逆压电效应
C．横向压电效应　　　　D．纵向压电效应

（10）天然石英晶体与压电陶瓷相比，石英晶体的压电常数（　　），压电陶瓷的稳定性（　　）。
A．大，差　　　　B．大，好　　　　C．小，差　　　　D．小，好

（11）为提高压电式传感器的输出灵敏度，将两片压电片并联在一起，此时总电荷量等于（　　）倍单片电荷量，总电容等于（　　）倍单片电容。
A．1，2　　　　B．2，2　　　　C．1，1/2　　　　D．2，1

（12）为消除压电式传感器电缆分布电容变化对输出灵敏度的影响，可采用（　　）。
A．电压放大器　　　　B．电荷放大器　　　　C．前置放大器　　　　D．电流放大器

（13）对压电效应的描述正确的是（　　）。
A．当石英晶体沿一定方向伸长或压缩时，在其表面会产生电荷

B．当压电陶瓷沿一定方向伸长或压缩时，在其表面会产生电荷

C．当某些石英晶体或压电陶瓷在外电场的作用下产生变形时，这种现象称为压电效应

D．石英晶体的压电效应是一种机电耦合效应，是由力学量（应力、应变）与电学量（电场强度、电位移矢量）相互耦合产生的。

3．简答题

（1）什么是应变效应？

（2）电阻应变片为什么要进行温度补偿？

（3）应变片产生温度误差的原因及减小或补偿温度误差的方法有什么？

（4）压电式传感器为什么不能用于静态测量？

（5）什么是压电晶体的居里点温度？

（6）压电元件在使用时常采用串联或并联的形式，比较不同接法时输出电压、电荷量、电容与单片使用时的区别。它们分别适用于什么场合？

（7）常用的压电材料有哪些？各有哪些特点？

（8）压电式传感器测量转换电路中为什么要加入前置放大器？

4．计算题

（1）一阻值 $R=120\Omega$，灵敏度 $K=2.0$ 的电阻应变片与阻值为 120Ω 的固定电阻组成电桥电路，供桥电压为 3V，并假定负载电阻为无穷大，当应变片的应变为 $2\mu\varepsilon$ 和 $2000\mu\varepsilon$ 时，分别求出单臂电桥、差动半桥的输出电压，并比较两种情况下的灵敏度。

（2）具有单片应变片的电桥电路，其中 $R=120\Omega$，$K=2.05$，用作应变为 $800\mu m/m$ 的传感元件。求：

① ΔR 和 $\Delta R/R$。

② 若电源电压 $U=3V$，求初始平衡时单臂电桥的输出电压 U_o。

（3）采用阻值 $R=120\Omega$，灵敏度 $K=2.0$ 的金属电阻应变片与阻值 $R=120\Omega$ 的固定电阻组成电桥电路，供桥电压为 10V。当应变片的应变为 1000μ 时，若要使输出电压大于 10mV，则采用何种工作方式？（设输出阻抗为无穷大）

（4）图 2-36 所示为一直流电桥，供电电源电动势 $E=3V$，$R_3=R_4=100\Omega$，R_1 和 R_2 为同型号的金属电阻应变片，其阻值均为 50Ω，灵敏度 $K=2.0$。两片应变片分别粘贴于等强度梁同一截面的正反两面。设等强度梁在受力后产生的应变为 $5000\mu\varepsilon$，试求此时电桥的输出电压 U_o。

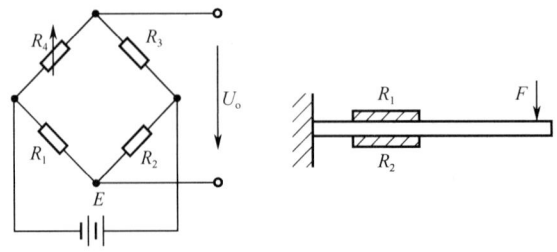

图 2-36 项目 2 自测 1 图

（5）图 2-37 所示为有源单臂电桥的非线性补偿电路，试推导该电路的输出表达式，并说明该电路的优点。

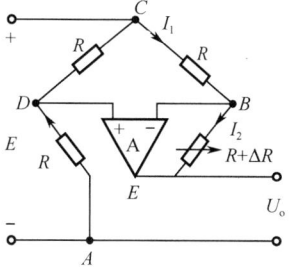

（6）一台采用等强度梁的电子秤，在梁的上下两面各贴有两片应变片，做成称重传感器，如图 2-38 所示。已知 l=10mm，b_0=11mm，h=3mm，E=2.1×10^{4}N/mm^2，K=2，接入直流四臂差动电桥，供桥电压为 6V，求其电压灵敏度（$K_u=U_0/F$）。当称重 0.5kg 时，电桥的输出电压 U_o 为多大？

图 2-37 项目 2 自测 2 图

（7）某压电式压强传感器的灵敏度为 8×10^{-4} pC/Pa，假设输入压强为 3×10^5 Pa 时的输出电压为 1V，试确定传感器总电容。

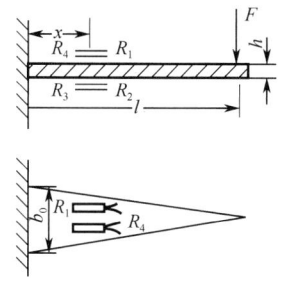
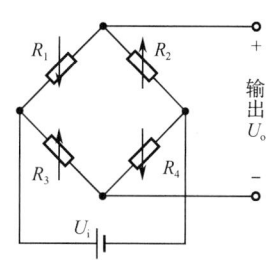

图 2-38 项目 2 自测 3 图

（8）用压电式加速度计及电荷放大器测量振动，若传感器灵敏度为 7pC/g（g 为重力加速度），电荷放大器灵敏度为 100mV/pC，试确定输入 3g 加速度时系统的输出电压。

（9）用石英晶体加速度计及电荷放大器测量机器的振动，已知：加速度计灵敏度为 5pC/g，电荷放大器灵敏度为 50mV/pC，当机器达到最大加速度时，相应的输出电压幅值为 2V，试求该机器的振动加速度。（g 为重力加速度）

（10）某压电式压强传感器的灵敏度为 80pC/Pa，如果它的电容为 1nF，试确定传感器在输入压强为 1.4Pa 时的输出电压。

项目3 位移的测量

位移是物体在一定方向上的位置变化,是机械加工的重要参数。位移的测量在工程中应用很广泛,它可以直接检测物体的移动量或转动量,如检测车床的位移和位置、振幅、轴向运动误差、物体的变形量等;同时通过位移的测量可以间接反映其他物理量的大小,如力、压强、速度、加速度等。

本项目的学习任务:用电涡流传感器、自感式传感器和互感式传感器测量位移。

知识目标

1. 掌握电涡流传感器电路。
2. 理解电涡流效应,掌握电涡流传感器的工作原理。
3. 掌握电感式传感器的分类和特点。
4. 理解自感式传感器的工作原理。
5. 掌握互感式传感器的工作原理。

技能目标

1. 能正确选择测量位移的传感器。
2. 能识读测量位移的传感器的电路图。
3. 能完成电路的焊接和调试。
4. 能检测和排除测量位移的传感器的电路故障。

素质目标

1. 培育敢于奉献的中华民族传统美德。
2. 培育守正创新的科学精神。
3. 培养追求极致的工匠精神。

项目 3 位移的测量

一、任务描述

位移测量在工程中应用很广泛，不仅因为机械工程中常要求精确地测量零部件的位移、位置和尺寸，而且许多机械量的测量往往可以先通过适当地转换成位移的测量，再换算成相应的物理量。例如，在对力、扭矩、速度、加速度、温度、流量等参数的测量中，常常采用这种方法。

二、任务分析

电涡流传感器能测量试件距探头表面的距离，是一种线性化的计量工具。电涡流传感器能准确测量试件（必须是金属导体）与探头表面之间静态和动态的相对位移变化。

三、知识引入

（一）电涡流效应

电涡流传感器是根据电涡流效应制成的传感器。电涡流效应：依据法拉第电磁感应定律，块状金属导体置于变化的磁场中或在磁场中做切割磁力线运动时，通过导体的磁通将发生变化，产生感应电动势，该电动势在导体内产生电流，并形成闭合曲线，状似水中的涡流，通常称为电涡流。所以要形成电涡流必须具备两个条件：（1）存在交变磁场；（2）导体处于交变磁场之中。

电涡流传感器最大的特点是能对位移、厚度、表面温度、速度、应力、材料损伤等进行非接触式的连续测量；还具有体积小、灵敏度高、频率响应宽等特点，应用极其广泛。

在图 3-1 中，根据法拉第电磁感应定律，当传感器线圈通以正弦交变电流 i_1 时，线圈周围空间会产生正弦交变磁场 B_1，可使置于此磁场中的导体产生感应电涡流 i_2，i_2 又产生新的交变磁场 B_2。根据楞次定律，B_2 的作用将反抗原磁场 B_1，从而导致线圈的阻抗 Z 发生变化。当线圈与导体的距离 H 减小时，线圈的等效电感 L 减小，等效电阻 R 增大。感抗 X_L 的变化比 R 的变化大得多，流过线圈的电流 i_1 增大。这一变化与导体的磁导率、电导率、线圈的几何形状、几何尺寸、电流频率及头部线圈到导体表面的距离等参数有关。通常假定导体材质均匀且性能是线性和各向同性，则线圈和导体系统的物理性质可

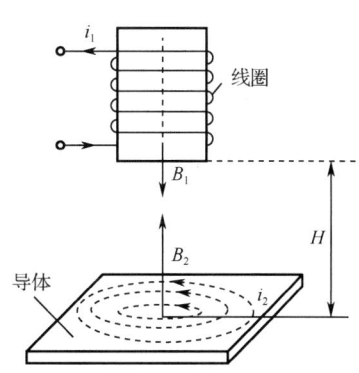

图 3-1 电涡流传感器的工作示意图

由导体的电导率 σ、磁导率 μ、尺寸因子 r、头部线圈与导体表面的距离 H、电流强度 I 和频率 f 参数来描述。线圈的特征阻抗可用 $Z = F(\sigma, \mu, r, f, H, I)$ 函数来表示。通常我们能做到控制 σ、μ、r、f、I 这几个参数在一定范围内不变，则线圈的特征阻抗 Z 就成为距离 H 的单值函数，虽然整个函数是非线性的，其函数特征为"S"形曲线，但可以选取它近似为线性的一段。基于此原理，电涡流传感器通过前置器的处理，将线圈的特征阻抗 Z 的变化，即头部线圈与导体的距离 H 的变化转换成电压或电流的变化。输出信号的大小随探头到导体表面的距离而变化，电涡流传感器根据这一原理实现对导体的位移、振动等参数的测量。

电流 i_2 在导体内的纵深方向并不是均匀分布的，只是集中在导体的表面，称为集肤效应（又称趋肤效应）。集肤效应的强弱与激励源频率 f、电导率 σ、磁导率 μ 等参数有关。通常把电涡流密度减小到离开导体表面处 1/e（e=2.172）的深度叫作标准渗透深度。它大约是电涡流密度减小到 36.8%处的深度，用 δ 表示为

$$\delta = \frac{1}{\sqrt{\pi f \mu \sigma}} \tag{3-1}$$

从式（3-1）中可以看出，频率 f 越高，电涡流的渗透深度越浅，集肤效应越严重。图 3-2 所示为集肤效应的示意图。由于存在集肤效应，电涡流只能检测导体表面的各种物理参数。改变 f，就可以控制检测深度。激励源频率一般设定为 100kHz～100MHz，有时为了使电涡流深入导体深处，或者对距离较远的导体进行测量，可采用十几千赫兹的激励源频率。

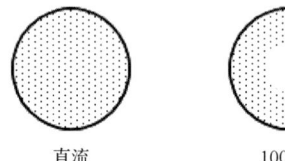

图 3-2 集肤效应的示意图

（二）等效阻抗的分析

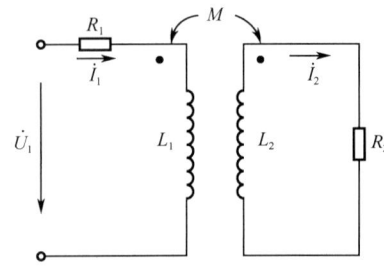

图 3-3 电涡流传感器的等效电路

电涡流传感器的等效电路如图 3-3 所示，根据基尔霍夫定律，可写出如下方程组：

$$\begin{cases} R_1 \dot{I}_1 + j\omega L_1 \dot{I}_1 - j\omega M \dot{I}_2 = \dot{U}_1 \\ -j\omega M \dot{I}_1 + R_2 \dot{I}_2 + j\omega L_2 \dot{I}_2 = 0 \end{cases} \tag{3-2}$$

解方程组可得

$$\dot{I}_2 = \frac{j\omega M \dot{I}_1}{R_2 + j\omega L_2} \tag{3-3}$$

进一步推导得线圈的等效阻抗为

$$Z = \frac{\dot{U}_1}{\dot{I}_1} = \left[R_1 + \frac{\omega^2 M^2}{R_2^2 + (\omega L_2)^2} R_2 \right] + j\omega \left[L_1 - \frac{\omega^2 M^2}{R_2^2 + (\omega L_2)^2} L_2 \right] \tag{3-4}$$

线圈的等效电阻和等效电感为

$$R_{eq} = R_1 + \frac{\omega^2 M^2}{R_2^2 + (\omega L_2)^2} R_2 \tag{3-5}$$

$$L_{eq} = L_1 - \frac{\omega^2 M^2}{R_2^2 + (\omega L_2)^2} L_2 \tag{3-6}$$

（三）电涡流传感器的结构及特性

电涡流传感器的组成结构及工作原理如图 3-4 所示。

由图 3-4 可知，电涡流传感器的结构主要是一个绕制在框架上的线圈，俗称电涡流探头。

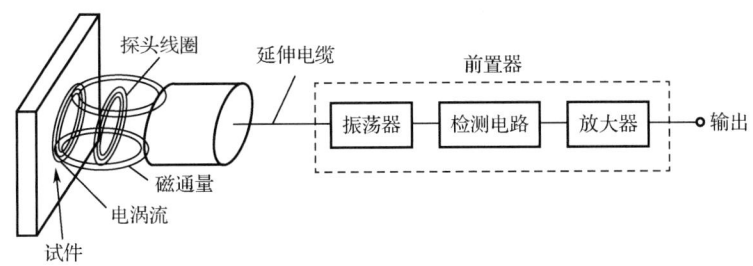

图 3-4 电涡流传感器的组成结构及工作原理

电涡流传感器工作系统中的试件可看作传感器系统的一部分，即一个电涡流传感器的性能与试件有关。

由于电涡流传感器的激励源频率较高（几十千赫兹至几兆赫兹），所以线圈不必太多，一般为扁平空心线圈。有时为了使磁力线集中，可将线圈绕在直径和长度都很小的高频铁氧磁芯上。成品电涡流探头的结构十分简单，线圈用多股绞扭漆包线绕制而成，置于探头的端部，外部用工程塑料 PEEK 等制成。

一方面，前置器中的高频振荡电流通过延伸电缆流入探头线圈，在探头的头部线圈中产生交变的磁场，给探头线圈提供高频交流激励信号；另一方面，探头感受与导体间的距离变化，经前置器处理转换成对应的线性输出电压或电流。这样，电涡流传感器将探头与导体间的距离转换为标准电压或电流输出。

随着电子技术的发展，目前常用的电涡流传感器主要有前置器与探头分别独立的分离式和将前置器集成到探头的壳体内的一体化两种。

（四）电涡流传感器的分类

从工作原理来说，电涡流传感器分为高频反射式电涡流传感器（几百千赫兹到几兆赫兹）和低频透射式电涡流传感器（几百赫兹到几千赫兹）。

从传感器的结构来说，电涡流传感器分为一体化电涡流传感器和分离式电涡流传感器。

从检测对象角度来说，电涡流传感器分为电涡流位移传感器、电涡流转速传感器、差动电涡流位置传感器等。其中，电涡流位移传感器又分为高性能电涡流位移传感器、高低温电涡流位移传感器、埃米级高性能电涡流位移传感器等。

（五）测量转换电路

电涡流传感器测量转换电路的作用就是将 Z、L 或 Q 转换成电压或电流的变化。阻抗 Z 的测量转换电路一般采用电桥电路，电感 L 的测量转换电路一般采用谐振电路，又可以分为调幅（AM）电路、调频（FM）电路和电桥电路等多种电路。这里简单介绍调幅电路和调频电路。

1. 调幅电路

调幅电路的基本原理是传感器线圈与电容组成 LC 并联谐振电路，其原理框图如图 3-5 所示，由石英晶体振荡器提供高频激励电压。当试件无变化时，LC 并联谐振电路的频率与石英晶体振荡器的频率一致，这时阻抗 Z 最大，产生的压降也最大。当传感器线圈与试件

的距离 x 缩短时,涡流损耗增加,电路失调,输出电压相应减小。这样,在一定的范围内,输出电压幅值与 x 呈近似线性关系。

谐振电路的输出电压为高频载波信号,信号较小,因此设有高频放大、检波和低频放大等环节,使输出信号便于传输与测量。

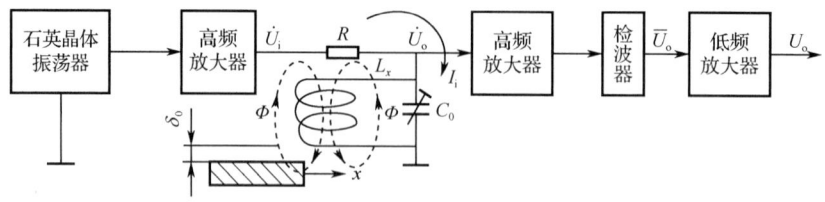

图 3-5 调幅电路的原理框图

2. 变频调幅电路

调幅电路虽然有很多优点,并获得了广泛的应用,但其线路复杂,安装调试较困难,且线性范围也较窄。因此,科研人员对其进行了进一步改进,研究出了变频调幅电路,其原理框图如图 3-6 所示。其原理是将传感器线圈直接接入电容三点式振荡器,当试件与传感器线圈的距离发生变化时,由于电涡流的作用,振荡器输出电压的幅度和频率都会发生改变,利用振荡幅度的变化来测量线圈与试件间的位移变化,而对频率变化不予理会。这种电路除结构简单、成本较低外,还具有灵敏度高、线性范围宽等优点,在位移、转速、振动等测量及自动控制等领域得到了越来越广泛的应用。

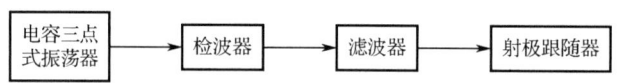

图 3-6 变频调幅电路的原理框图

3. 调频电路

调频电路与变频调幅电路一样,将传感器线圈直接接入 LC 振荡器,不同的是,它以振荡频率的变化为输出信号,如图 3-7 所示。若以电压为输出信号,则应后接鉴频器。该电路的关键是提高振荡器的频率稳定度,通常可以从环境温度变化、电缆电容变化和负载影响三方面来考虑。另外,提高谐振电路本身的稳定性也是提高频率稳定度的一个重要措施。因此,传感器线圈 L 可采用热绕工艺绕制在低膨胀系数材料的骨架上,并配以高稳定性的云母电容或具有适当负温度系数的电容作为谐振电容 C。

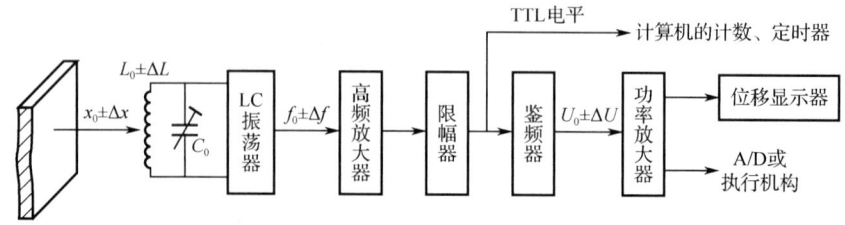

图 3-7 调频电路

并联谐振电路的频率为

$$f = \frac{1}{2\pi\sqrt{LC_0}} \qquad (3-7)$$

当电涡流线圈与试件的距离 H 减小时，线圈的电感 L 也随之变小，导致 LC 振荡器的输出频率升高，此频率可直接用计算机测量。如果要用模拟仪表进行显示或记录，则必须使用鉴频器（其特性曲线如图 3-8 所示），将 Δf 转换成电压 ΔU_o。（请思考：当电涡流线圈与试件的距离 H 增大时，输出电压的变化情况如何？）

由图 3-8 可知，鉴频器的输出电压与输入频率成正比。

在这里，需要注意的是：不同试件材料会使传感器的线性范围和灵敏度有明显不同，材料的电阻率越小，电涡流效应越明显，传感器灵敏度越高。所以，在测量中，更换试件时，应先移开探头，再更换试件。

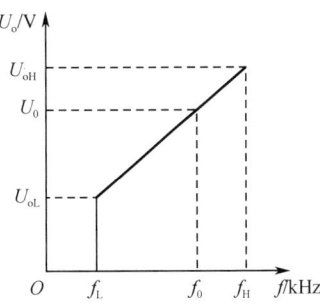

图 3-8 鉴频器的特性曲线

四、任务实施

1. 原理图

电涡流传感器的电路原理图如图 3-9 所示。

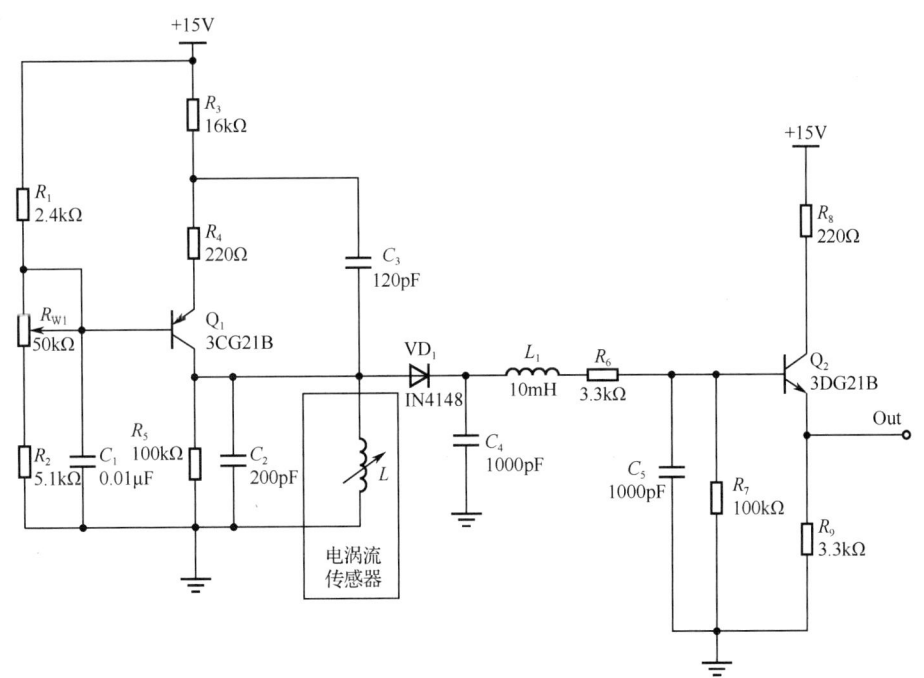

图 3-9 电涡流传感器的电路原理图

2. 电路分析

本项目采用变频调幅电路，核心是一个电容三点式振荡器，传感器线圈（探头）是振荡电路的一个电感元件。

该电路由电容三点式振荡器、检波电路和射极跟随器组成。电容三点式振荡器的作用是将位移变化引起的振荡电路的品质因数 $Q = \dfrac{\omega L}{R}$ 的变化转换成高频载波信号的幅值变化。检波电路由检波二极管和 π 形滤波器组成，其作用是将高频载波中的测量信号不失真地取出。采用 π 形滤波器可适应电流变化较大而要求纹波很小的情况，可获得平滑的波形。由于射极跟随器具有输入阻抗高、跟随性良好等特点，所以采用它作为输出级可以获得尽可能大的不失真输出的幅值。

无电涡流影响下振荡器的谐振频率为 f_0，品质因数为最大值 Q_0，振荡器输出电压为最大值；当试件接近传感器线圈时，由于电涡流效应，线圈的等效电感 L 减小，振荡器的谐振频率升高，品质因数 Q 减小，振荡器输出电压的幅值减小。

3. 元件清单

电涡流传感器电路的元件清单如表 3-1 所示。

表 3-1 电涡流传感器电路的元件清单

序 号	元件代号	名 称	参数或规格
1	L	电涡流传感器	—
2	R_1	电阻	2.4kΩ
3	R_2	电阻	5.1kΩ
4	R_3	电阻	1.6kΩ
5	R_4	电阻	220Ω
6	R_5	电阻	100kΩ
7	R_6	电阻	3.3kΩ
8	R_7	电阻	100kΩ
9	R_8	电阻	220Ω
10	R_9	电阻	3.3kΩ
11	C_1	电容	0.01μF
12	C_2	电容	0.01μF
13	C_3	电容	200pF
14	C_4	电容	120pF
15	C_5	电容	1000pF
16	L_1	电感	1000pF
17	R_{W1}	电位器	50kΩ
18	VD_1	二极管	1N4148
19	Q_1	三极管	3CG21B
20	Q_2	三极管	3DG21B

4. 项目制作

（1）准备。

元件：按元件清单备齐。

工具：电烙铁、烙铁架、焊锡丝、松香、剪刀、尖嘴钳、螺丝刀、镊子、万用表和直流稳压电源。

（2）元件测试。

用万用表的欧姆挡测量线圈的直流电阻，应为标称值。若为无穷大，则说明线圈开路；若比标称值小很多，则说明线圈局部短路；若为零，则说明线圈完全短路。

检测电感时首先进行外观检查，看线圈有无松散，引脚有无折断、生锈现象。采用具有电感挡的数字万用表检测电感是很方便的，先将数字万用表的量程开关拨至合适的电感挡，然后将它的两个引脚与表笔相连，即可从显示屏上观察到电感。

（3）焊接。

元件在焊接上要遵循"先低后高"的原则，先焊接小元件，后焊接大元件。

（4）检查。

焊接完成后先自查，再让老师检查。

（5）通电调试。

将电涡流传感器远离金属材料，通电后用数字万用表检测输出电压，调节 R_{W1}，使输出电压达到 5V 左右。用电涡流传感器探测端接近金属平面，可得到输出电压与距离之间的线性关系。

（6）完成实训报告。

实训报告包括任务设计与制作的意义、检查电路设计、制作与调试、检测结果与分析。

五、任务评价

电涡流传感器的制作评价如表 3-2 所示。

表 3-2 电涡流传感器的制作评价

序 号	名 称	分 值	考 核 点	得 分
1	资讯	10	电涡流传感器的特性、检测方法，电路的工作原理、调试方法	
2	计划	20	列出元器件、工具、耗材，制定安装流程与测试步骤	
3	实施	40	正确使用仪器仪表和工具，能识别、检测元件，能设计电路布局，焊接、调试电路	
4	报告	15	格式规范、项目分析、实施、过程记录情况，想法、建议	
5	素养	15	态度、工作记录、团队合作能力、6S 管理原则	

六、任务拓展

电感式传感器是基于电磁感应原理，利用线圈自感或互感的变化来实现测量的一种装置，可以用来测量位移、振动、压力、流量、力矩、应变等多种物理量。

电感式传感器的核心部分是可变自感 L 或可变互感 M，在被测量转换成线圈自感或互感的变化时，一般利用磁场作为媒介或利用铁磁体的某些现象。这类传感器的主要特征是具有线圈绕组。

电感式传感器具有以下优点：结构简单可靠，输出功率大，抗干扰能力强，对工作环境要求不高，分辨力较高，稳定性好。缺点是频率响应低，不宜用于快速动态测量。

电感式传感器的种类很多。有利用自感原理的自感式传感器，也有利用互感原理做成的互感式传感器。

（一）自感式传感器

18 自感式传感器的结构

自感式传感器又称变磁阻式传感器，由线圈、铁芯、衔铁三部分组成，如图3-10所示。

铁芯和衔铁之间有气隙，气隙厚度为δ，传感器运动部分与衔铁相连，衔铁移动时δ发生变化，引起磁路的磁阻R_m变化，使线圈的电感变化。因此，只要能测出这种电感的变化，就能确定衔铁位移的大小和方向。

根据磁路知识，线圈的自感可按下式计算：

$$L = \frac{\mu_0 A W^2}{2\delta} \tag{3-8}$$

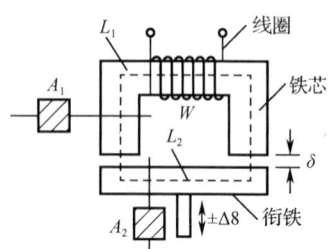

图3-10 自感式传感器的组成

式中，W——线圈匝数；
μ_0——空气导磁率；
A——气隙截面积；
δ——气隙厚度。

由式（3-8）可见，自感L是气隙截面积A和气隙厚度δ的函数，因此自感式传感器又可分为变气隙厚度δ的传感器（变气隙型）和变气隙截面积A的传感器（变截面型）。目前，使用最广泛的是变气隙型电感式传感器（因为改变气隙截面积从结构实现上更困难）。

1. 变气隙型电感式传感器

由式（3-8）可知，L与δ之间呈非线性关系，其特性曲线如图3-11所示。

设传感器的初始气隙为δ_0，初始电感为L_0，衔铁位移引起的气隙变化量为$\Delta\delta$，当衔铁处于初始位置时，初始电感为

$$L_0 = \frac{\mu_0 A W^2}{2\delta_0} \tag{3-9}$$

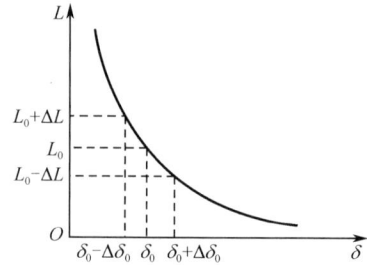

图3-11 变气隙型电感式传感器的L-δ特性曲线

当衔铁上移$\Delta\delta$时，传感器气隙减小$\Delta\delta$，即$\delta = \delta_0 - \Delta\delta$，此时输出电感为$L = L_0 + \Delta L$，代入式（3-9）并整理得

$$L = L_0 + \Delta L = \frac{\mu_0 A W^2}{2(\delta_0 - \Delta\delta)} = \frac{L_0}{1 - \frac{\Delta\delta}{\delta_0}} \tag{3-10}$$

当 $\Delta\delta \ll \delta$ 时，可将上式用级数展开为

$$L = L_0 + \Delta L = L_0\left[1 + \frac{\Delta\delta}{\delta} + \left(\frac{\Delta\delta}{\delta}\right)^2 + \left(\frac{\Delta\delta}{\delta}\right)^3 + \cdots\right] \quad (3\text{-}11)$$

由上式可求得电感变化量 ΔL 和相对变化量 $\dfrac{\Delta L}{L_0}$ 的表达式，即

$$\Delta L = L_0\left[\frac{\Delta\delta}{\delta} + \left(\frac{\Delta\delta}{\delta}\right)^2 + \left(\frac{\Delta\delta}{\delta}\right)^3 + \cdots\right] \quad (3\text{-}12)$$

$$\frac{\Delta L}{L_0} = \frac{\Delta\delta}{\delta_0}\left[1 + \left(\frac{\Delta\delta}{\delta}\right) + \left(\frac{\Delta\delta}{\delta}\right)^2 + \cdots\right] \quad (3\text{-}13)$$

同理，当衔铁随试件的初始位置向下移动 $\Delta\delta$ 时，有

$$\Delta L = L_0\left[\frac{\Delta\delta}{\delta} - \left(\frac{\Delta\delta}{\delta}\right)^2 + \left(\frac{\Delta\delta}{\delta}\right)^3 - \cdots\right] \quad (3\text{-}14)$$

$$\frac{\Delta L}{L_0} = \frac{\Delta\delta}{\delta_0}\left[1 - \left(\frac{\Delta\delta}{\delta}\right) + \left(\frac{\Delta\delta}{\delta}\right)^2 - \cdots\right] \quad (3\text{-}15)$$

对式（3-13）和式（3-15）进行线性处理并忽略高次项，可得灵敏度为

$$K_0 = \frac{\dfrac{\Delta L}{L_0}}{\Delta\delta} = \frac{1}{\delta_0} \quad (3\text{-}16)$$

由此可见，变气隙型电感式传感器的测量范围与灵敏度及线性度相矛盾，因此变气隙型电感式传感器适用于测量微小位移的场合。为了减小非线性误差，在实际测量中广泛采用差动变气隙型电感式传感器。

差动变气隙型电感式传感器的结构如图 3-12 所示。它由两个相同的电感线圈的磁路组成。测量时，衔铁与试件相连，当试件上下移动时，带动衔铁以相同的位移上下移动，两个磁回路的磁阻发生大小相等、方向相反的变化，一个线圈的电感增大，另一个线圈的电感减小，形成差动形式。

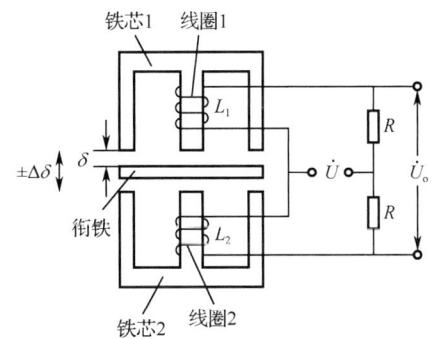

图 3-12 差动变气隙型电感式传感器的结构

将两个电感线圈接入交流电桥的相邻桥臂，另外两个桥臂由电阻组成，输出电压与电感变化量 ΔL 有关。当衔铁上移时，两个线圈的电感变化量分别由式（3-12）和式（3-14）表示，有

$$\Delta L = \Delta L_1 + \Delta L_2 = 2L_0\left[1 + \left(\frac{\Delta\delta}{\delta}\right)^2 + \left(\frac{\Delta\delta}{\delta}\right)^4 + \cdots\right] \quad (3\text{-}17)$$

对上式进行线性处理并忽略高次项，可得灵敏度为

$$K_0 = \frac{\frac{\Delta L}{L_0}}{\Delta \delta} = \frac{2}{\delta_0} \tag{3-18}$$

比较单线圈和差动两种变气隙型电感式传感器的特性可得如下内容。
(1) 差动型比单线圈的灵敏度提高了一倍。
(2) 差动型的线性度好。
(3) 差动型的两个电感线圈结构,可抵消温度、噪声干扰的影响。

2. 变截面型电感式传感器

变截面型电感式传感器的结构如图 3-13 所示,线圈的电感为

$$L = \frac{\mu_0 A W^2}{2\delta} \tag{3-19}$$

传感器工作时,当气隙厚度保持不变,而铁芯与衔铁之间的相对面积因被测量变化而变化时,电感将发生变化。由式(3-19)可知 L 与 A 呈线性关系。

3. 测量转换电路

电感式传感器的测量转换电路有交流电桥和变压器式交流电桥等。
(1) 交流电桥。
交流电桥如图 3-14 所示。$Z_1 = Z_2 = Z = R + j\omega L$,且 $R_1 = R_2 = R$。由于桥臂是差分形式,因此当衔铁上移时,$Z_1 = Z + \Delta Z$,$Z_2 = Z - \Delta Z$,输出电压为

$$\dot{U}_o = \dot{U}\left[\frac{Z_2}{Z_1 + Z_2} - \frac{R}{R + R}\right] = \dot{U}\frac{Z_2 - Z_1}{2(Z_1 + Z_2)} = -\dot{U}\frac{\Delta Z}{2Z} \tag{3-20}$$

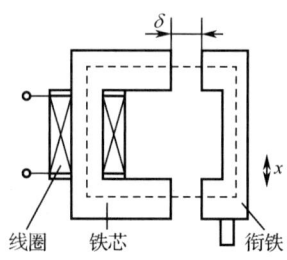

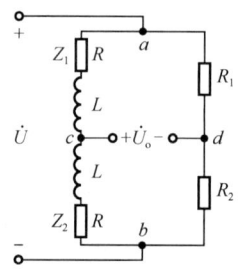

图 3-13 变截面型电感式传感器的结构　　　图 3-14 交流电桥

当 $\omega L \gg R$ 时,上式可写为

$$\dot{U}_o = -\dot{U}\frac{\Delta L}{2L} \tag{3-21}$$

当衔铁下移时,有

$$\dot{U}_o = \dot{U}\frac{\Delta L}{2L} \tag{3-22}$$

由式(3-21)和式(3-22)可以看出,衔铁上移和下移时,输出电压的相位相反,交流电桥的输出电压与传感器线圈电感的相对变化量是成正比的。

（2）变压器式交流电桥。

变压器式交流电桥如图 3-15 所示，电桥的两臂是传感器线圈阻抗臂 Z_1、Z_2，另外两臂是交流变压器次级线圈阻抗的一半，交流供电。当负载为无穷大时，输出电压为

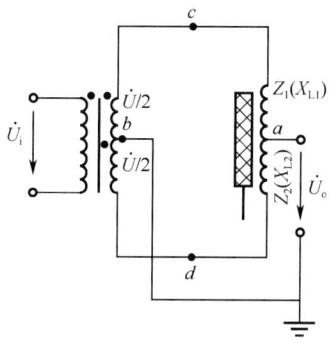

图 3-15 变压器式交流电桥

$$\dot{U}_o = \dot{U}_a - \dot{U}_b = \dot{U}\left(\frac{Z_2}{Z_1+Z_2} - \frac{1}{2}\right) = \frac{Z_2 - Z_1}{Z_1 + Z_2}\frac{\dot{U}}{2} \tag{3-23}$$

当衔铁位于中间位置时，有

$$Z_1 = Z_2 = Z; \quad \dot{U}_o = 0$$

当衔铁上移时，有

$$Z_1 = Z + \Delta Z; \quad Z_2 = Z - \Delta Z$$

输出电压为

$$\dot{U}_o = -\frac{\dot{U}}{2}\frac{\Delta Z}{Z} = -\frac{\dot{U}}{2}\frac{\Delta L}{L_0} \tag{3-24}$$

当衔铁下移时，有

$$\dot{U}_o = \frac{\dot{U}}{2}\frac{\Delta Z}{Z} = \frac{\dot{U}}{2}\frac{\Delta L}{L_0} \tag{3-25}$$

由此可见，当衔铁上移和下移时，输出电压的相位相反，大小随衔铁位移的变化而变化。因输出是交流电压，输出指示无法判断位移方向。解决办法是采用适当的处理电路（如相敏检电路）。

（二）互感式传感器

1. 互感式传感器的结构与工作原理

把被测量的变化转换成线圈互感变化的传感器称为互感式传感器，根据变压器的基本原理制成，并将次级绕组用差动形式连接，所以又称差动变压器式传感器。

互感式传感器的结构形式有变气隙型、变截面型和螺管型等，它们的工作原理基本一样。应用最多的是螺管型互感式传感器，它可测量 1~100mm 范围内的机械位移，并且有测量精度高、灵敏度高、结构简单、性能可靠等优点。

螺管型互感式传感器根据初、次级绕组排列不同有二节式、三节式、四节式和五节式等形式，如图 3-16 所示。三节式的零点电位较小，二节式比三节式灵敏度高、线性范围大，四节式和五节式改善了传感器的线性度。

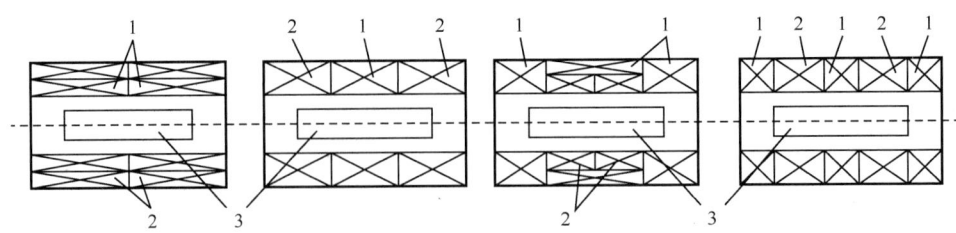

图 3-16 螺管型互感式传感器的排列形式

在理想情况下,互感式传感器的等效电路如图 3-17 所示。

当次级绕组开路时,有

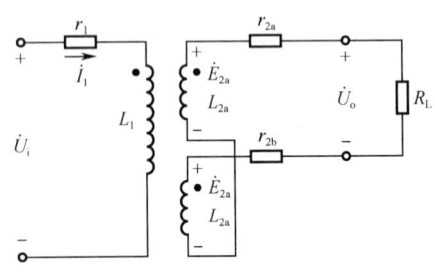

$$\dot{I}_1 = \frac{\dot{U}_i}{r_1 + j\omega L_1} \quad (3-26)$$

式中,ω——激励电压 $\dot{U}_i$ 的角频率;

$\dot{U}_i$——初级绕阻的激励电压;

$\dot{I}_1$——初级绕阻的激励电流;

r_1、L_1——初级绕阻的直流电阻、电感。

次级绕组的感应电动势为

$$\dot{E}_{2a} = -j\omega M_1 \dot{I}_1$$

$$\dot{E}_{2b} = -j\omega M_2 \dot{I}_1$$

图 3-17 互感式传感器的等效电路

由于次级绕组反向串联,所以互感式传感器的输出电压为

$$\dot{U}_o = -\frac{j\omega(M_1 - M_2)\dot{U}_i}{r_1 + j\omega L_1} \quad (3-27)$$

输出电压的有效值为

$$U_o = \frac{\omega(M_1 - M_2)U_i}{\sqrt{r_1^2 + (j\omega L_1)^2}} \quad (3-28)$$

分析如下。

(1) 当衔铁位于中间位置时,$M_1 = M_2 = M$,$U_o = 0$。

(2) 当衔铁上移时,$M_1 = M + \Delta M$,$M_2 = M - \Delta M$,$U_o = \dfrac{\omega 2\Delta M U_i}{\sqrt{r_1^2 + (j\omega L_1)^2}}$,与 U_i 同相。

(3) 当衔铁下移时,$M_1 = M - \Delta M$,$M_2 = M + \Delta M$,$U_o = -\dfrac{\omega 2\Delta M U_i}{\sqrt{r_1^2 + (j\omega L_1)^2}}$,与 U_i 反相。

2. 互感式传感器的输出特性

(1) 输出特性曲线与零点残余电压。

互感式传感器的输出特性曲线如图 3-18 所示。图中,x 表示衔铁偏离中心位置的距离;U_o 为差动输出电动势;实线部分表示实际的输出特性;虚线部分表示理想的输出特性;U_z 为零点残余电压。

当衔铁位于中间位置时,理想条件下其输出电压为零。但实

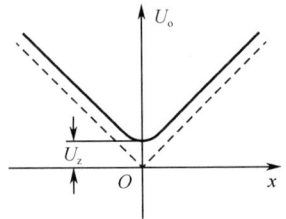

图 3-18 互感式传感器的输出特性曲线

际上,当使用电桥电路时,在零点处仍有一个微小的电压U_z,称为零点残余电压。零点残余电压会造成零点附近的不灵敏区,给测量带来误差。若将零点残余电压输入放大器,则会使放大器末级趋向饱和,影响电路正常工作。因此,零点残余电压是衡量互感式传感器性能的重要指标。

(2) 零点残余电压产生的原因。

① 互感式传感器的两个线圈的电气参数及导磁体的集合尺寸不可能完全对称。

② 线圈的分布电容不对称。

③ 电源电压中含有高次谐波。

④ 传感器工作在磁化曲线的非线性段。

(3) 减小零点残余电压的方法。

① 尽可能保证传感器的几何尺寸、线圈的电气参数和磁路对称。为了保证线圈的对称性,首先,提高加工精度,线圈选配成对,采用磁路可调节结构。其次,选用高磁导率、低剩磁感应的导磁材料,并应经过热处理,消除残余应力,以提高磁性能的均匀性和稳定性。

② 选用合适的测量转换电路。例如,采用相敏检波电路,既可判别衔铁的移动方向,又可改善输出特性,减小零点残余电压。

③ 采用补偿电路减小零点残余电压。图 3-19 所示为减小零点残余电压的补偿电路。

在互感式传感器次级绕组侧串、并联适当的电阻、电容,当调整这些元件时,可使零点残余电压减小。

在次级绕组侧并联电容,如图 3-19(a)所示。由于两个次级绕组感应电压的相位不同,并联电容可改变绕组的相位,并联电阻起分流作用,流入线圈的电流发生变化,从而改变磁化曲线的工作点,减小高次谐波所产生的零点残余电压。

在次级绕组侧串联电阻,如图 3-19(b)所示,以调整次级绕组的电阻分量。

在次级绕组侧并联电位器,如图 3-19(c)所示,用于电气调零,改变两个次级绕组输出电压的相位。电容 C 可防止调整电位器时使零点移动。

接入补偿线圈 L,如图 3-19(d)所示,以避免负载不是纯电阻而产生较大的零点残余电压。

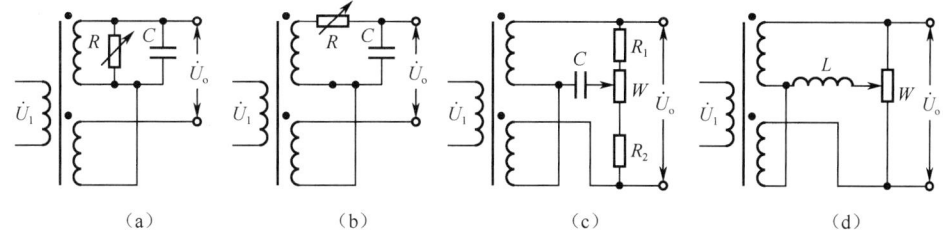

图 3-19 减小零点残余电压的补偿电路

3. 互感式传感器的测量转换电路

互感式传感器的输出为交流电压,它与衔铁的位移成正比。用交流电压表测量其输出只能反映衔铁位移的大小,不能反映位移的方向,因此常用差动整流电路和相敏检波电路进行测量。

(1) 差动整流电路。

差动整流电路是根据二极管的单向导电性进行解调的。它把两个次级绕组电压分别整流，将整流后的电压或电流的差值作为输出。

图 3-20 所示为电压输出型全波差动整流电路。若传感器的一个次级绕组的输出瞬时电压极性在 e 点为"+"，f 点为"-"，则电流路径是 $eacdbf$；若 e 点为"-"，f 点为"+"，则电流路径是 $fbcdae$。可见，无论次级绕组的输出瞬时电压极性如何，电阻 R_1 上的电流总是从 c 到 d。同理，分析另一个次级绕组的输出情况可知，电阻 R_2 上的电流总是从 g 到 h。所以，无论次级绕组的输出瞬时电压极性如何，差动整流电路的输出电压 U_o 始终等于 R_1、R_2 两个电阻上的电压差，即

$$U_o = U_{dc} + U_{gh} = U_{dc} - U_{hg} \tag{3-29}$$

全波差动整流电路输出的电压波形如图 3-21 所示。当铁芯在零位时，输出电压 $U_o = 0$；当铁芯在零位以上或零位以下时，输出电压的极性相反，零点残余电压自动消除。

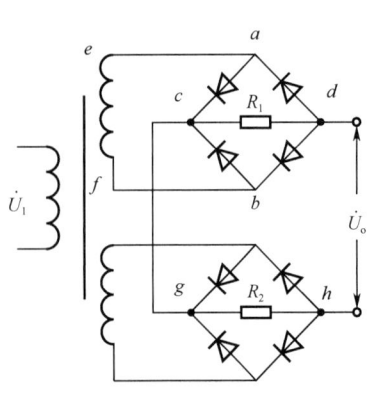

图 3-20 电压输出型全波差动整流电路

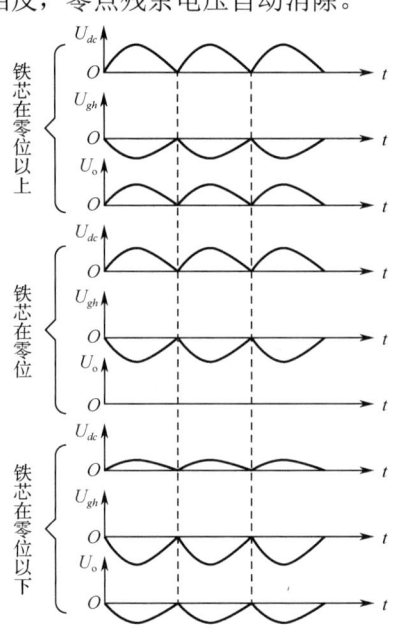

图 3-21 全波差动整流电路输出的电压波形

(2) 相敏检波电路。

相敏检波电路要求比较电压与次级绕组侧输出电压的频率相同，相位相同或相反。另外，还要求比较电压的幅值尽可能大，一般情况下，其幅值应为信号电压的 3～5 倍。图 3-22 所示为相敏检波电路。

$VD_1 \sim VD_4$ 为四个性能完全相同的二极管，沿同一个方向串联成一个闭合回路，R 为限流电阻，避免二极管导通时变压器 T_2 的次级电流过大。互感式传感器输出的调幅波电压 U_1 通过变压器 T_1 加到环形电桥的一条对角线上；参考电压 U_2 通过变压器 T_2 加到环形电桥的另一条对角线上，U_2 和 U_1 的频率相同（要求 U_2、U_1 在正位移时，同频同相；在负位移时，同频反相），且 $U_2 > U_1$；R_L 为负载电阻，输出电压 U_L 从变压器 T_1 和 T_2 的中间抽头引出。

下面分析相敏检波电路的工作原理。

① 当衔铁位于中间位置时，传感器输出电压 $U_1=0$。

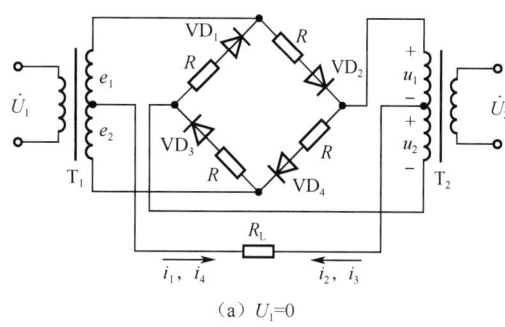

在图3-22（a）中，由于 U_2 的作用，在正半周时，电流 i_4 自 u_1 的正极出发，流过 VD_4，经过变压器 T_1 的下部线圈，自左向右经过负载电阻 R_L（规定该方向为正方向）后回到 u_1 的负极。i_4 的大小为

$$i_4 = \frac{u_1}{R+R_L}$$

电流 i_3 自 u_2 的正极出发，自右向左经过负载电阻 R_L，经过变压器 T_1 的下部线圈，流过 VD_3，回到 u_2 的负极。i_3 的大小为

$$i_3 = \frac{u_2}{R+R_L}$$

因为是从中间抽头引出的，所以 $u_1=u_2$，故 $i_3=i_4$。流过 R_L 的电流为两个电流的代数和，即

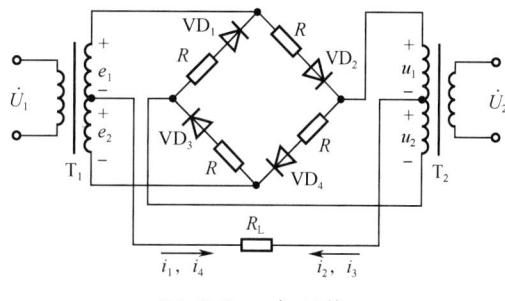

图3-22 相敏检波电路

$$i_o = i_4 - i_3 = 0$$

在负半周，电流 i_1 自 u_2 的正极出发，流过 VD_1，经过变压器 T_1 的上部线圈，自左向右经过负载电阻 R_L（方向为正）后回到 u_2 的负极；电流 i_2 自 u_1 的正极出发，自右向左经过负载电阻 R_L，经过变压器 T_1 的上部线圈，流过 VD_2，回到 u_1 的负极。电流 i_1 和 i_2 为

$$i_1 = \frac{u_2}{R+R_L}$$

$$i_2 = \frac{u_1}{R+R_L}$$

同理可知 $i_1=i_2$，电流输出为零。

由以上分析可知，当衔铁位于中间位置时，无论参考电压是正半周还是负半周，在 R_L 上得到的输出电压始终为零。

② 当衔铁在零位以上移动时，U_1 与 U_2 同频同相。

在图3-22（b）中，正半周时，由于 $U_2>U_1$，电流 i_4 的流向与 $U_1=0$ 时一样，只是回路中多了一个与 u_1 同向串联的电压 e_2，所以

$$i_4 = \frac{u_1+e_2}{R+R_L}$$

电流 i_3 的流向与 $U_1=0$ 时一样，只是回路中多了一个与 u_2 反向串联的电压 e_2，所以

$$i_3 = \frac{u_2-e_2}{R+R_L}$$

故 $i_4>i_3$，$i_o=i_4-i_3$，表示 i_o 的方向与 i_4 相同。

负半周时，电流 i_1 的流向与 $U_1 = 0$ 时一样，只是回路中多了一个与 u_2 同向串联的电压 e_1，所以

$$i_1 = \frac{u_2 + e_1}{R + R_L}$$

电流 i_2 的流向与 $U_1 = 0$ 时一样，只是回路中多了一个与 u_1 反向串联的电压 e_1，所以

$$i_2 = \frac{u_1 - e_1}{R + R_L}$$

因为 $u_1 = u_2$，故 $i_1 > i_2$，$i_o = i_1 - i_2 > 0$，表示 i_o 的方向与规定的正方向相同。

由以上分析可知，衔铁在零位以上移动时，无论参考电压是正半周还是负半周，在 R_L 上得到的输出电压始终为正。

（3）当衔铁在零位以下移动时，U_1 与 U_2 同频反相。

当 U_2 为正半周，U_1 为负半周时，由于 $U_2 > U_1$，电流 i_4 的流向与衔铁上移时一样，只是回路中 u_1 与 e_2 是反向串联的，所以

$$i_4 = \frac{u_1 - e_2}{R + R_L}$$

电流 i_3 的流向与衔铁上移时一样，只是回路中 u_2 与 e_2 是同向串联的，所以

$$i_3 = \frac{u_2 + e_2}{R + R_L}$$

故 $i_o = i_4 - i_3 < 0$，表示 i_o 的方向与规定的正方向相反。同理，在 U_2 为负半周，U_1 为正半周时，$i_o = i_1 - i_2 < 0$，表示 i_o 的方向与规定的正方向相反。

由以上分析可知，衔铁在零位以下移动时，无论参考电压是正半周还是负半周，在 R_L 上得到的输出电压始终为负。

综上所述，经过相敏检波电路后，正位移输出正电压，负位移输出负电压。电压的大小表明位移的大小，电压的正负表明位移的方向。相敏检波电路的波形如图 3-23 所示。

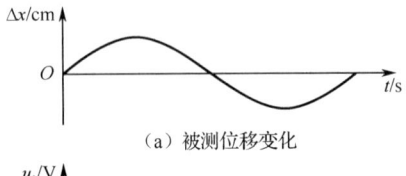
（a）被测位移变化

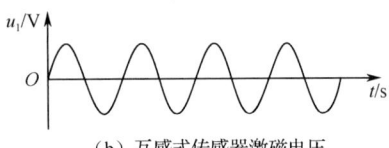
（b）互感式传感器激磁电压

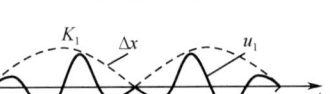
（c）互感式传感器输出电压

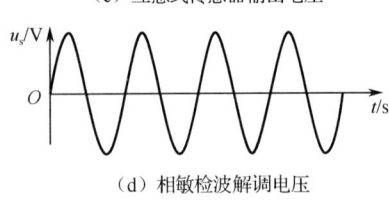
（d）相敏检波解调电压

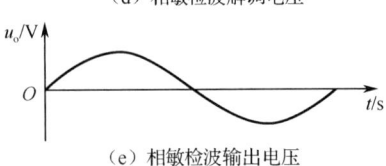
（e）相敏检波输出电压

图 3-23 相敏检波电路的波形

因此，互感式传感器的输出经过相敏检波以后，特性曲线由图 3-24（a）变成图 3-24（b），零点残余电压自动消失。

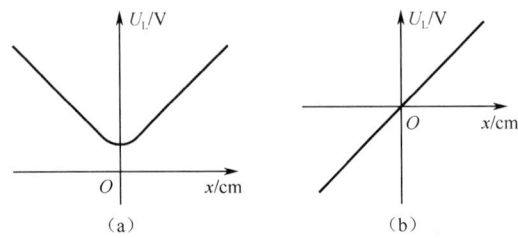

图 3-24 相敏检波前后的输出特性曲线

项目 3　位移的测量

（三）自感式传感器的典型应用

自感式传感器的应用非常广泛，不仅可直接用于位移测量，而且可以测量与位移有关的任何机械量，如振动、加速度、应变等。

1. 变气隙型电感式压力传感器

变气隙型电感式压力传感器的结构如图 3-25 所示，它主要由膜盒、铁芯、衔铁及线圈组成，衔铁与膜盒连在一起。

当被测压力 F 进入膜盒时，膜盒的顶端在被测压力 F 的作用下产生与 F 大小成正比的位移，于是衔铁也发生移动，从而使气隙发生变化，流过线圈的电流也发生相应的变化，电流表的读数反映了被测压力的大小。

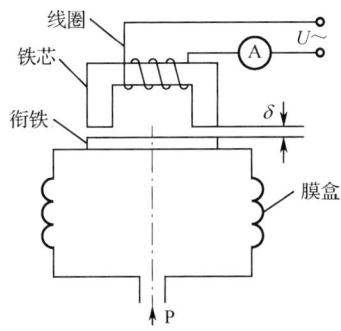

图 3-25　变气隙型电感式压力传感器的结构

2. 变气隙型差动电感式压力传感器

变气隙型差动电感式压力传感器的结构如图 3-26 所示，它主要由 C 形弹簧管、衔铁和线圈等组成。

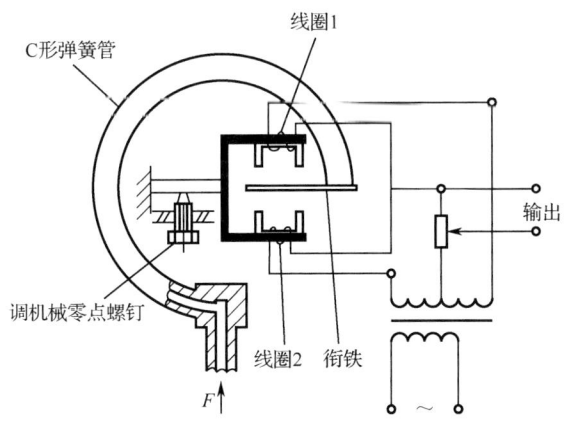

图 3-26　变气隙型差动电感式压力传感器的结构

当被测压力 F 进入 C 形弹簧管时，C 形弹簧管产生变形，其自由端发生位移，带动与自由端连接成一体的衔铁运动，使线圈 1 和线圈 2 中的电感发生大小相等、方向相反的变化，即一个电感增大，另一个电感减小。电感的这种变化通过电桥电路转换成电压输出。

由于输出电压与被测压力成正比,所以只要用检测仪表测量出输出电压,即可得知被测压力 F 的大小。

(四)互感式传感器的典型应用

互感式传感器可直接用于位移测量,也可以测量与位移有关的任何机械量,如振动、加速度、应变、比重、张力和厚度等。

1. 位移测量

互感式传感器测量液位的原理如图 3-27 所示,在液罐中有一个浮子,浮子一端连着互感式传感器的铁芯,当某一设定液位使铁芯处于中心位置时,互感式传感器输出电压 $U_o = 0$;当液位上升或下降时,$U_o \neq 0$,通过相应的测量转换电路便能确定液位的高低。因此,通过互感式传感器输出电压的大小和相位可以知道衔铁位移的大小和方向。

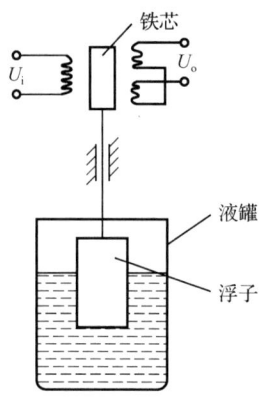

图 3-27 互感式传感器测量液位的原理

2. 振动和加速度测量

互感式传感器加速度计的结构如图 3-28 所示,利用三节式螺管型互感式传感器来测量加速度。测量时,将悬臂梁底座及差动变压器的线圈骨架固定,而将衔铁的 A 端与试件相连。

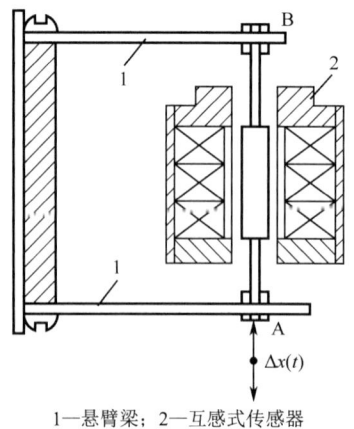

1—悬臂梁;2—互感式传感器

图 3-28 互感式传感器加速度计的结构

当试件带动衔铁以 $\Delta x(t)$ 振动时，互感式传感器的输出电压也按相同规律变化。经检波器和滤波器对信号进行处理后，输出与加速度成正比的电压。

用于测定振动物体和振幅时，其励磁频率必须是振动频率的 10 倍以上，才能得到精确的测量结果。可测得的振幅为 0.1~5mm，振动频率为 0~150Hz。

（五）电涡流传感器的典型应用

电涡流传感器具有测量范围大、灵敏度高、结构简单、抗干扰能力强和可以非接触测量等优点，被广泛应用于工业生产和科学研究等领域。其应用大致有下列四个方面。

① 利用位移 x 作为变化量，可以做成位移、厚度、振动、转速等传感器，也可做成接近开关、计数器等。

② 利用材料电阻率 ρ 作为变化量，可以做成温度测量、材质判别等传感器。

③ 利用磁导率 μ 作为变化量，可以做成测量应力、硬度等传感器。

④ 利用变化量 x、ρ、μ 等的综合影响，可以做成探伤装置等。

1. 电磁炉

电磁炉是我们日常生活中必备的家用电器之一，电涡流传感器是其核心器件。高频电流通过励磁线圈产生交变磁场，在铁质锅底会产生无数的电涡流，使锅底自行发热，加热锅内食物。电磁炉的工作原理如图 3-29 所示。电磁炉内部线圈如图 3-30 所示。

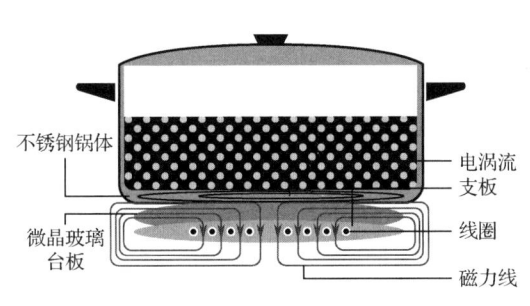
图 3-29 电磁炉的工作原理

图 3-30 电磁炉内部线圈

2. 接近开关

接近开关又称无触点行程开关，它能在一定距离（几毫米至几十毫米）内检测有无物体靠近。当物体接近设定值时，可发出"动作"信号。接近开关的核心部分是"感辨头"，对正在接近的物体有很高的感辨能力。

接近开关的原理框图如图 3-31 所示，这种接近开关只能用于检测金属。

19 接近开关

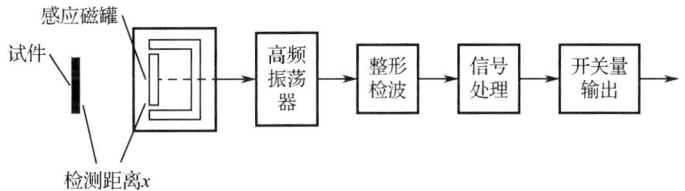

图 3-31 接近开关的原理框图

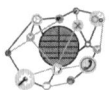
【项目梳理思维导图】

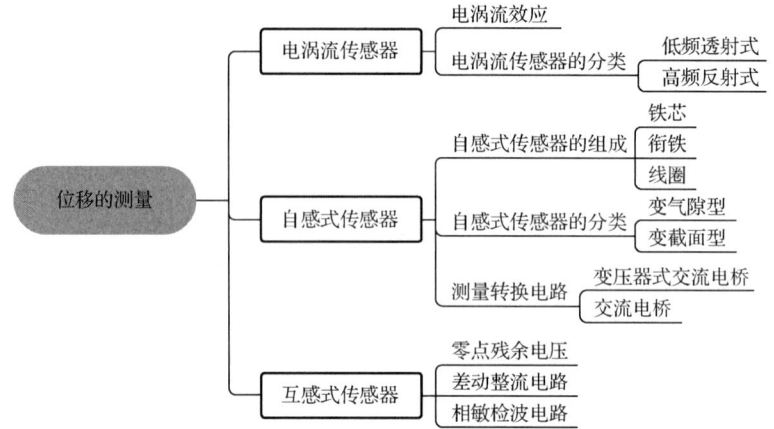

【项目实训】

差动变压器的性能实验

一、实验目的

了解差动变压器的工作原理和特性。

二、基本原理

差动变压器由一个初级绕组和两个次级绕组及一个铁芯组成，根据内外层排列不同，有二段式和三段式，本实验采用三段式结构。当传感器随着试件移动时，由于初级绕组和次级绕组之间的互感发生变化，促使次级绕组的感应电动势产生变化，一个次级绕组的感应电动势增大，另一个次级绕组的感应电动势则减小，将两个次级绕组反向串联（同名端连接），引出差动输出。其输出电动势反映了试件的移动量。

三、实验器件

CGQ-003 实验模块、差动变压器、测微头、双线示波器、音频振荡器、直流电源、万用表。

四、实验步骤

1. 根据图 3-32，将差动变压器装在实验模块上。接入±15V 电源（从主控箱引入），检查无误后，合上主控箱电源开关。

2. 在实验模块上按照图 3-33 接线，音频振荡器信号必须从主控箱的 L_V 端输出，调节音频振荡器的频率，输出频率为 4~5kHz（可用主控箱的频率/转速表的频率挡 F_{in} 输入来监测）。调节幅度使输出幅度为峰峰值 V_{pp}=2V（可用示波器监测：X 轴为 0.2ms/div，Y 轴 CH_1 为 1V/div、CH_2 为 20mv/div）。判别初次级绕组及次级绕组同名端的方法如下：设任一线圈为初级绕组，设另外两个线圈的任一端为同名端。当铁芯左、右移动时，观察示波器中显示的初级绕组波形和次级绕组波形，当次级绕组波形的输出幅值变化很大，基本上能过零位,而且相位与初级绕组波形(L_V 音频信号 $V_{pp}=2V$ 波形)相比能同相和反相变化时,说明已连接的初、次级绕组及同名端是正确的,否则继续改变连接直到判断正确。

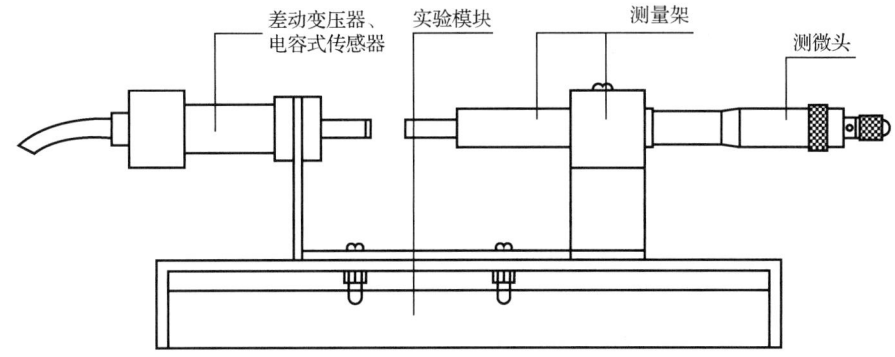

图 3-32 差动变压器、电容式传感器的安装示意图

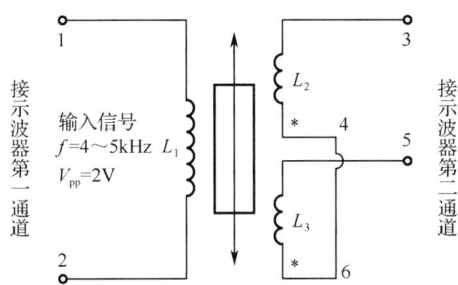

图 3-33 双线示波器与差动变压器连接示意图

3. 旋动测微头,使示波器第二通道显示的 V_{pp} 最小。这时可以左右移动,假设其中一个方向为正位移,则另一个方向为负位移。从 V_{pp} 最小处开始旋动测微头,每隔 0.2mm 从示波器上读出输出电压 V_{pp} 填入表 3-3。再从 V_{pp} 最小处反向位移做实验,在实验过程中,注意左、右移动时,初、次级绕组波形的相位关系。

表 3-3 差动变压器位移 ΔX 与输出电压 V_{pp} 数据

X/mm					− ←	0mm	→ +				
V_{pp}/mV						V_{pp}最小					

4. 实验过程中注意差动变压器输出的最小值为差动变压器的零点残余电压。根据表 3-3 画出 V_{pp}-X 特性曲线,做出量程为±1mm 和±3mm 时的灵敏度和非线性误差。

实验完毕,关闭主控箱电源。

测微头的组成与读数如图 3-34 所示。

测微头的组成:测微头由安装套、轴套(不可动部分)和测杆、微分筒、微调钮(可动部分)组成。

测微头读数:测微头的安装套便于在支架座上固定安装,轴套上的主尺有两排刻度线,标有数字的是整毫米刻线(1mm/格),另一排是半毫米刻线(0.5mm/格);微分筒前部圆周表面上刻有 50 等分的刻线(0.01mm/格)。

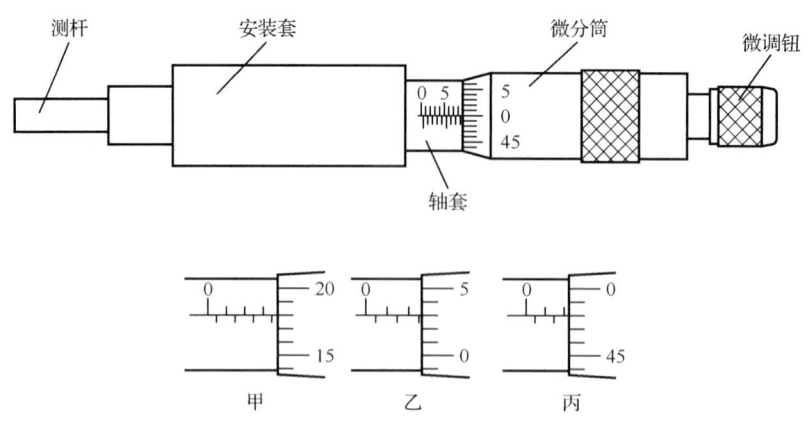

图 3-34 测微头的组成与读数

用手旋转微分筒或微调钮时，测杆沿轴线方向进退。微分筒每转过 1 格，测杆沿轴线方向移动微小位移 0.01mm，这也叫测微头的分度值。

测微头读数的方法是先读轴套主尺上露出的刻度，注意半毫米刻线；再读与主尺横线对准微分筒上的刻度，可以估读 1/10 分度。例如，图 3-34 中甲的读数为 3.678mm，不是 3.178mm；遇到微分筒边缘前端与主尺上某条刻线重合时，应看微分筒的示值是否过零，乙已过零则读数为 2.530mm；丙未过零，则读数应为 1.980mm，不是 2mm。

测微头使用：测微头在实验中是用来产生位移并指示位移的工具。一般测微头在使用前，首先转动微分筒到 10mm 处（为了保留测杆向前、后位移的余量），再将测微头轴套上的主尺横线面向自己安装到专用支架座上，移动测微头的安装套（测微头整体移动），使测杆与试件连接，并使试件处于合适位置（视具体实验而定）时拧紧支架座上的紧固螺钉。当转动测微头的微分筒时，试件会随测杆移动。

五、思考题

1．用差动变压器测量较高频率的振幅，如 1kHz 的振动幅值，可以吗？差动变压器测量频率的上限受什么影响？

2．试分析差动变压器与一般电源变压器的异同。

【项目自测】

1．填空题

（1）电涡流传感器能对位移、厚度、表面温度、速度、应力、材料损伤等进行_____的连续测量。

（2）从工作原理来说，电涡流传感器有_____和_____。

（3）自感式传感器可分为变气隙型、_____。

（4）差动变压器的结构形式有变气隙型、变截面型和_____等，它们的工作原理基本一样。

（5）电感式传感器的测量转换电路有_____和_____等。

（6）变气隙型自感式传感器的_____和_____是相互矛盾的，因此在实际测量中广泛采用_____结构的变气隙型电感式传感器。

（7）变气隙型互感式传感器的主要问题是灵敏度与_____的矛盾，这点限制了它的使用，仅适用于_____的测量。

（8）在变气隙型自感式传感器中，当衔铁靠近铁芯时，铁芯上的线圈电感_____（增大、减小）。

2．选择题

（1）不能用电涡流传感器进行测量的是（　　）。
A．位移　　　　　　B．材质鉴别　　　　　C．探伤　　　　　D．非金属材料

（2）电感式传感器的常用测量转换电路不包括（　　）。
A．交流电桥　　　　　　　　　　　B．变压器式交流电桥
C．脉冲宽度调制电路　　　　　　　D．谐振电路

（3）对于差动变压器，采用交流电压表测量输出电压时，下列说法正确的是（　　）。
A．既能反映衔铁位移的大小，又能反映位移的方向
B．既能反映衔铁位移的大小，又能消除零点残余电压
C．既不能反映位移的大小，又不能反映位移的方向
D．既不能反映位移的方向，又不能消除零点残余电压

（4）差动螺线管型电感式传感器配用的测量转换电路有（　　）。
A．直流电桥　　　　　　　　　　　B．变压器式交流电桥
C．相敏检波电路　　　　　　　　　D．运算放大电路

（5）电涡流传感器常用的材料为（　　）。
A．玻璃　　　　　　B．陶瓷　　　　　　C．高分子　　　　　D．金属

3．简答题

（1）电涡流传感器有何特点？
（2）何谓电涡流效应？怎样利用电涡流效应进行位移测量？
（3）电涡流传感器由哪几部分组成？各部分的作用是什么？
（4）电感式传感器的优缺点是什么？
（5）什么是零点残余电压，它对测量有什么影响？

4．计算题

（1）图 3-35 所示为一种差动整流的电桥电路，电路由差动自感式传感器 Z_1、Z_2 及平衡电阻 R_1、R_2（$R_1 = R_2$）组成。电桥电路的一条对角线接有交流电源 U_i，另一个对角线为输出电压 U_o。试分析该电路的工作原理。

（2）已知变气隙型电感式传感器的铁芯截面积 $S = 1.5\text{cm}^2$，磁路长度 $L = 20\text{cm}$，相对磁导率 $\mu_r = 5000$，气隙初始厚度 $\delta_0 = 0.5\text{cm}$，$\Delta\delta = \pm 0.1\text{mm}$，真空磁导率 $\mu_0 = 4\pi \times 10^{-7}\text{H/m}$，线圈匝数 $N = 3000$，求单线圈式传感器的灵敏度 $\Delta L/\Delta\delta$。若将其做成差动结构，则灵敏度将如何变化？

（3）有一只互感式传感器，已知电源电压 $U = 4\text{V}$，$f = 400\text{Hz}$，传感器线圈电阻与电感分别为 $R = 40\Omega$，$L = 30\text{mH}$，用两只匹配电阻设计成四臂等阻抗电桥，如图 3-36 所示，

试求：

（1）匹配电阻 R_3 和 R_4 为多少时才能使电压灵敏度达到最高。

（2）当 $\Delta Z = 10\Omega$ 时，分别接成单臂电桥和差动电桥后的输出电压。

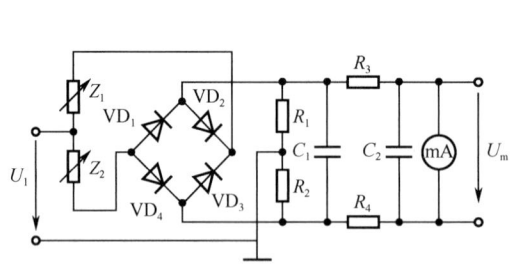

图 3-35 项目 3 自测 1 图

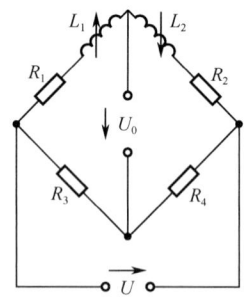

图 3-36 项目 3 自测 2 图

项目4　位置的测量

物体的位置是指各种容器设备中液体介质液面的高低、两种不相溶的液体介质分界面的高低和固体粉末状物料的堆积高度等的总称。具体来说，常把存储于各种容器中的液体所堆积的相对高度或自然界中江、河、湖、水库的表面位置称为液位；在各种容器中或仓库、场地上堆积的固体的相对高度或表面位置称为料位。在同一容器中两种密度不同且互不相溶的液体间或液体与固体间的分界面称为界位。

本项目学习任务：用电容式传感器和超声波传感器测量位置。

知识目标

1. 熟悉电容式传感器汽车油箱液位控制电路。
2. 理解电容式传感器的工作原理。
3. 掌握电容式传感器的三种类型特点及应用。
4. 掌握电容式传感器的测量转换电路。
5. 了解超声波传感器的工作原理。

技能目标

1. 能正确选择测液位传感器。
2. 能识读测液位传感器的电路图。
3. 能完成电路的焊接和调试。
4. 能检测和排除测液位传感器电路的故障。

素质目标

1. 培育克己奉公的中华民族传统美德。
2. 培育勇于创新的科学精神。
3. 培养认真专注的工匠精神。

一、任务描述

在现代家庭中，汽车已不再是奢侈品，本任务完成一个小型汽车油箱液位控制系统。当油箱中的油料液位低于设定值（下限油位）时，红色指示灯亮，同时蜂鸣器发出"嘀嘀"声；当油箱中的油料液位高于另一设定值（上限油位）时，绿色指示灯亮，同时另一蜂鸣器发出不同频率的"嘀嘀"声，示意图如图4-1所示。

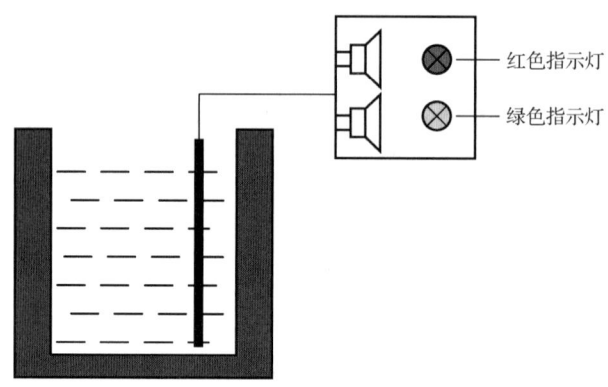

图4-1 汽车油箱液位控制系统示意图

二、任务分析

根据任务描述，我们需要把油箱中的油料液位这一非电量转换成电量（电流、电压或频率）。在实际应用中，电容式传感器可用于液位的测量。

电容是电子技术的三大类无源元件（电阻、电感和电容）之一。利用电容的原理，将非电量转换成电容，再经测量转换电路转换成电压、电流或频率的装置，称为电容式传感器，它实质上是一个具有可变参数的电容。

三、知识引入

电容式传感器已在位移、压力、厚度、位置、湿度、振动、转速、流量及成分分析的测量等方面得到了广泛的应用。电容式传感器的精度和稳定性也日益提高，高达0.01%精度的电容式传感器在国外已有商品供应，电容式传感器作为频响宽、应用广、非接触测量的一种传感器，是很有发展前途的。

电容式传感器的应用技术近几十年来有了较大的进展，由于电容测微技术的不断完善，作为高精度非接触式测量手段，该技术广泛应用于科研和生产加工过程。

（一）电容式传感器的工作原理及特性

由绝缘介质分开的两个平行板（极板）组成的平行板电容器，如果不考虑边缘效应，则其电容为

20 电容式传感器的分类及特性

$$C = \frac{\varepsilon A}{d} = \frac{\varepsilon_0 \varepsilon_r A}{d} \quad (4\text{-}1)$$

式中，A——两个极板有效覆盖的面积；

ε ——极板间介质的介电常数；
ε_0 ——真空介电常数（等于 8.854×10^{-12}F/m）；
ε_r ——极板间介质的相对介电常数；
d ——极板间距。

当被测量变化使得式（4-1）中的参数 A、d 或 ε 发生变化时，电容 C 也随之变化。如果保持其中两个参数不变，仅改变其中一个参数，就可把该参数的变化转换成电容的变化，通过测量转换电路可转换成电量输出。因此，电容式传感器可分为变极距型、变面积型和变介电常数型三种。电容式传感器的电极形状有平板形、圆柱形和球面形（较少采用）三种。图 4-2 所示为电容式传感器的结构形式，其中，图（b）~图（d）、图（f）~图（h）为变面积型，图（a）和图（e）为变极距型，图（i）~图（l）为变介电常数型。

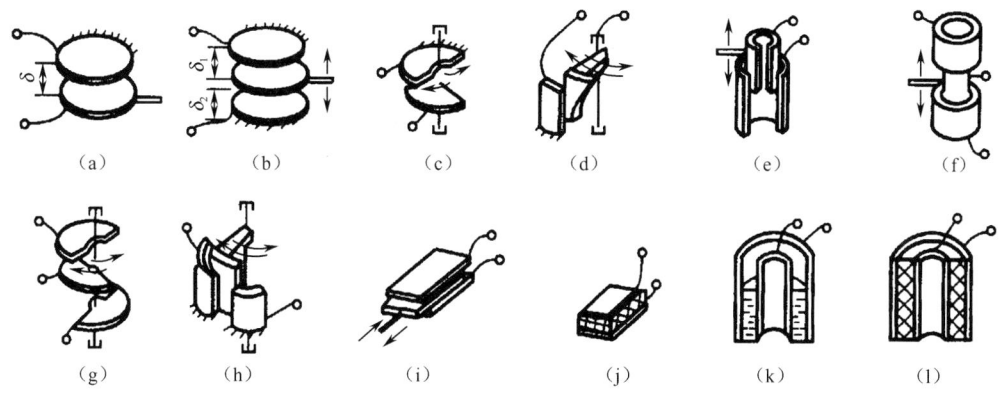

图 4-2 电容式传感器的结构形式

1. 变极距型电容式传感器

图 4-3 所示为变极距型电容式传感器的原理图。
当 ε 和 A 为常数，初始极板间距为 d_0 时，由式（4-1）可知其初始电容为

$$C_0 = \frac{\varepsilon A}{d_0} \qquad (4\text{-}2)$$

电容和极板间距的关系如图 4-4 所示。

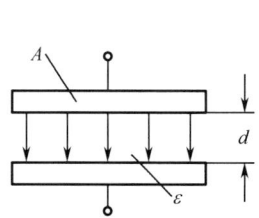

图 4-3 变极距型电容式传感器的原理图

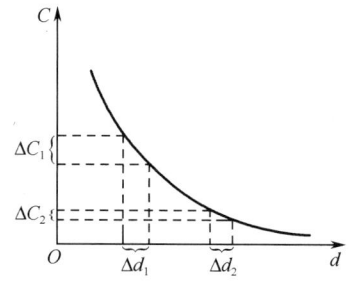

图 4-4 电容和极板间距的关系

测量时，一般将平行板电容器的一个极板固定（称为定极板），另一个极板与试件相连（称为动极板）。若极板间距由 d_0 缩小了 Δd，电容增大了 ΔC，则有

$$\Delta C = \frac{\varepsilon A}{d_0 - \Delta d} - \frac{\varepsilon A}{d_0} = \frac{\varepsilon A}{d_0} \cdot \frac{\Delta d}{d_0 - \Delta d} = C_0 \frac{\Delta d}{d_0 - \Delta d} \quad (4\text{-}3)$$

电容的相对变化量为

$$\frac{\Delta C}{C_0} = \frac{\Delta d}{d_0 - \Delta d} = \frac{\dfrac{\Delta d}{d_0}}{1 - \dfrac{\Delta d}{d_0}} \quad (4\text{-}4)$$

当 $\Delta d \ll d_0$ 时,式(4-4)可以展开为级数形式,即

$$\frac{\Delta C}{C_0} = \frac{\Delta d}{d_0}\left[1 + \frac{\Delta d}{d_0} + \left(\frac{\Delta d}{d_0}\right)^2 + \left(\frac{\Delta d}{d_0}\right)^3 + \cdots\right] \quad (4\text{-}5)$$

忽略式(4-5)中的高次项,得

$$\frac{\Delta C}{C_0} \approx \frac{\Delta d}{d_0} \quad (4\text{-}6)$$

由式(4-4)可知,电容的相对变化量 $\dfrac{\Delta C}{C_0}$ 与输入位移 Δd 之间的关系是非线性的,只有当 $\Delta d \ll d_0$ 时,才可认为是近似的线性关系,所以,变极距型电容式传感器在设计时要考虑满足 $\Delta d \ll d_0$ 的条件,且一般 Δd 只能在极小的范围内变化。此时,电容式传感器的灵敏度为

$$K = \frac{\Delta C}{\Delta d} = \frac{C_0}{d_0} = \frac{\varepsilon A}{d_0^2} \quad (4\text{-}7)$$

非线性误差为

$$\gamma = \left|\frac{\Delta d}{d_0}\right| \times 100\% \quad (4\text{-}8)$$

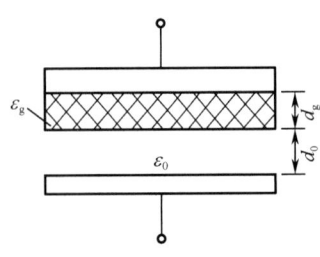

图 4-5 放置云母的电容器

由式(4-7)和式(4-8)可知,d_0 越小,灵敏度越高,非线性误差越大;但是 d_0 过小,容易引起电容的击穿。为此,极板间可采用高相对介电常数的材料(云母、塑料膜等)作为介质,如图 4-5 所示。

此时,相当于云母和空气两个电容器的串联。云母的相对介电常数是空气的 7 倍,其击穿电压不小于 1000kV/mm,而空气仅为 3kV/mm。因此有了云母,初始极板间距可大大减小。一般变极距型电容式传感器的初始电容为 20~100pF,极板间距为 25~200μm。最大输入位移应小于极板间距的 1/10,故在微位移测量中应用最广。

2. 变面积型电容式传感器

图 4-6(a)所示为变面积型电容式传感器测直线位移的结构。被测量通过动极板移动引起两个极板有效覆盖面积 A 变化,从而得到电容的变化。当动极板相对于定极板沿长度方向平移 Δx 时,电容的相对变化量为

$$\Delta C = \frac{\varepsilon \Delta x b}{d} \tag{4-9}$$

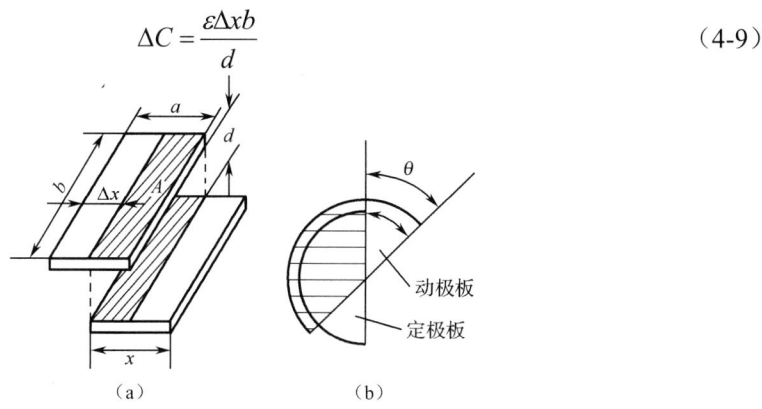

图 4-6 变面积型电容式传感器的结构

由式（4-9）可知，电容的相对变化量与直线位移 Δx 呈线性关系。

图 4-6(b)所示为变面积型电容式传感器测角位移的结构。当动极板有一个角位移 θ 时，其与定极板间的有效覆盖面积会发生改变，从而改变极板间的电容。

当 $\theta=0$ 时，有

$$C_0 = \frac{\varepsilon A}{d} = \frac{1}{2}\frac{\varepsilon}{d} r^2 \pi$$

当 $\theta \neq 0$ 时，有

$$\Delta C = \frac{1}{2}\frac{\varepsilon}{d} r^2 \theta \tag{4-10}$$

从式（4-10）中可以看出，传感器电容的相对变化量 ΔC 与角位移 θ 呈线性关系。

3. 变介电常数型电容式传感器

根据前面的分析可知，介质的相对介电常数将影响电容式传感器的电容大小，不同介质的相对介电常数不同，在 10^6 Hz 频率下，典型介质的相对介电常数如表 4-1 所示。

表 4-1 典型介质的相对介电常数

介质名称	真空	聚乙烯	硅油	金刚石	氧化铝	云母	TiO$_2$
相对介电常数	1	2.26	2.7	5.5	4.5~8.4	6~8.5	14~110

变介电常数型电容式传感器大多用于测量介质的厚度、位移和液位，还可以根据极板间介质的相对介电常数随温度、湿度、电容的改变而改变的规律来测量介质的温度、湿度、电容等。

图 4-7 所示为电容式液位变换器的结构。设被测液位的相对介电常数为 ε_1，液位高度为 h，变换器总高度为 H，内筒外径为 d，外筒内径为 D，此时相当于两个电容器的并联。变换器的电容为

$$C = C_1 + C_2 \tag{4-11}$$

式中

$$C_1 = \frac{2\pi\varepsilon_0(H-h)}{\ln\frac{D}{d}} \tag{4-12}$$

$$C_2 = \frac{2\pi\varepsilon_0\varepsilon_1 h}{\ln\frac{D}{d}} \quad (4\text{-}13)$$

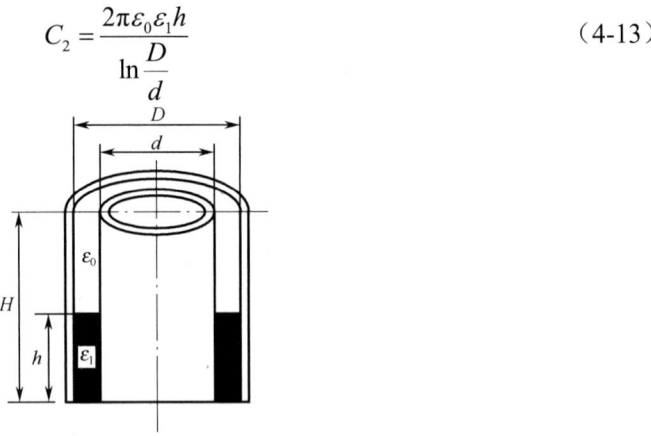

图 4-7　电容式液位变换器的结构

由式（4-11）～式（4-13）可得

$$\Delta C = C - C_0 = \frac{2\pi h\varepsilon_0(\varepsilon_1 - 1)}{\ln\frac{D}{d}} \quad (4\text{-}14)$$

注意，空气的相对介电常数为 1。由式（4-14）可知，电容的相对变化量 ΔC 与相对介电常数呈线性关系。同理可得，电容的相对变化量 ΔC 与液位高度 h 呈线性关系，可以实现液位高度的测量。

4. 差动电容式传感器

根据前面的分析可知，变面积型电容式传感器和变介电常数型电容式传感器的输入与输出间的电容存在线性关系，只有变极距型电容式传感器的输入与输出间的电容存在非线性关系。在实际应用中，为了既提高灵敏度，又减小非线性误差，通常采用差动电容式传感器，其结构如图 4-8 所示。

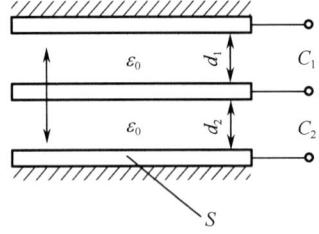

图 4-8　差动电容式传感器的结构

当中间的动极板向上移动 Δd 时，有

$$C_1 = C_0 \frac{1}{1 - \frac{\Delta d}{d_0}} \quad (4\text{-}15)$$

$$C_2 = C_0 \frac{1}{1 + \frac{\Delta d}{d_0}} \quad (4\text{-}16)$$

由式（4-15）和式（4-16）可知，这种差动结构使得两个电容器的电容一个增大，另一个减小，这就是"差动"的含义。

当 $\Delta d \ll d_0$ 时，式（4-15）和式（4-16）可以展开为级数形式，即

$$C_1 = C_0 \left[1 + \frac{\Delta d}{d_0} + \left(\frac{\Delta d}{d_0}\right)^2 + \left(\frac{\Delta d}{d_0}\right)^3 + \cdots \right] \quad (4-17)$$

$$C_2 = C_0 \left[1 - \frac{\Delta d}{d_0} + \left(\frac{\Delta d}{d_0}\right)^2 - \left(\frac{\Delta d}{d_0}\right)^3 + \cdots \right] \quad (4-18)$$

所以

$$\Delta C = C_1 - C_2 = C_0 \left[2\left(\frac{\Delta d}{d_0}\right) + 2\left(\frac{\Delta d}{d_0}\right)^3 + 2\left(\frac{\Delta d}{d_0}\right)^5 + \cdots \right] \quad (4-19)$$

电容的相对变化量为

$$\frac{\Delta C}{C_0} \approx 2\frac{\Delta d}{d_0} \quad (4-20)$$

灵敏度为

$$K = \frac{\Delta C}{\Delta d} = 2\frac{C_0}{d_0} = 2\frac{\varepsilon A}{d_0^2} \quad (4-21)$$

非线性误差为

$$\gamma = \left|\frac{\Delta d}{d_0}\right|^2 \times 100\% \quad (4-22)$$

由式（4-21）和式（4-22）可知，差动电容式传感器的灵敏度提高了一倍，非线性误差减小了。

变面积型电容式传感器和变介电常数型电容式传感器虽然都有好的线性关系，但采用差动结构可以提高其灵敏度。

总的来说，变极距型电容式传感器一般用来测量微小的线位移；变面积型电容式传感器一般用来测量角位移或较大的线位移；变介电常数型电容式传感器一般用于固态或液态的物位测量及各种介质的湿度、密度测量。

5. 电容式传感器的性能改善

电容式传感器虽然有许多独具的优点，但它的工作原理和结构特点使得它也存在一些缺点，在实际使用时需要采取相应的技术措施来改善。

（1）边缘效应。

电容器两个极板的电场分布在中心部分是均匀的，但在边缘部分是不均匀的，这就是边缘效应，导致设计计算复杂化、产生非线性误差及降低传感器的灵敏度。消除和减小边缘效应的方法是在结构上增设防护电极，防护电极必须与被防护电极取相等的电位，如图4-9所示。

这样可以使极板的全部面积处于均匀电场的范围内。

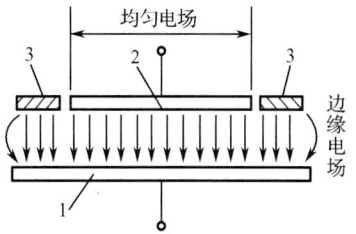

图4-9 增设防护电极

应该说明的是，增设防护电极虽然有效地抑制了边缘效应，但也增加了加工工艺难度。另外，为了保持防护电极与被防护电极的等电位，一般尽量使二者同为地电位。

（2）寄生电容。

除了极板间的电容，电容式传感器还可能与周围物体（包括仪器中的各种元件甚至人体）产生电容联系，这种电容称为寄生电容。由于传感器本身的电容很小，所以寄生电容可能使传感器的电容发生明显改变；而且寄生电容极不稳定，从而导致传感器性能不稳定。为了克服上述寄生电容的影响，必须对传感器进行静电屏蔽，即将电容器极板放置在金属壳体内，并将壳体良好接地。出于同样的原因，其电极引线也必须用屏蔽线，且屏蔽线外套必须同样良好接地，但屏蔽线本身的电容较大，且由于放置位置和形状不同而有较大变化，也会造成传感器的灵敏度降低和性能不稳定。目前，解决这一问题的有效方法是采用驱动电缆技术，又称双层屏蔽等电位传输技术，如图 4-10 所示。

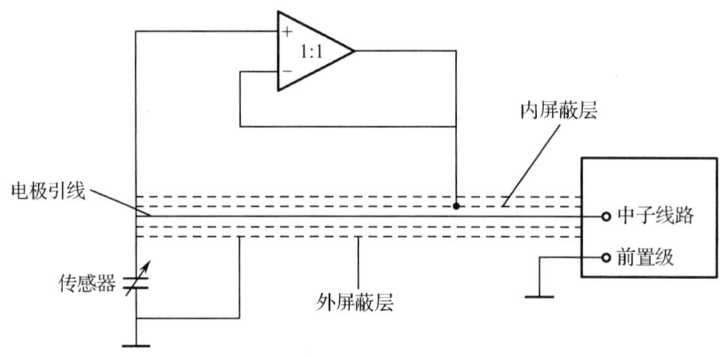

图 4-10　驱动电缆技术

驱动电缆技术的基本思路是将电极引线进行内外双层屏蔽，使内屏蔽层与电极引线的电位相等，从而消除电极引线对内屏蔽层的容性漏电，而外屏蔽层仍接地，起屏蔽作用。

（3）温度误差。

在环境温度发生变化时，与电容有关的参数 A、d 及 ε 都会随温度变化而变化，造成温度误差，需要做必要的温度补偿。其分析思路可参照金属电阻应变片。此外，在制造电容式传感器时，一般选用温度膨胀系数小、几何尺寸稳定的材料。例如，电极的支架选用陶瓷要比塑料或有机玻璃好；电极材料选用铁镍合金较好；近年来，在陶瓷或石英上喷镀一层金属薄膜来代替电极，效果更好。减小温度误差的另一常用措施是采用差动对称结构，在测量转换电路中加以补偿。

（二）电容式传感器的测量转换电路

电容式传感器的电容及电容的相对变化量都十分微小，必须借助测量转换电路才能将微小电容的相对变化量转换成与其成正比的电压、电流或频率，从而实现显示、记录和传输。相应的测量转换电路有变压器电桥电路、运算放大器电路、环形二极管充放电法和调频电路。

1. 变压器电桥电路

图 4-11 所示为变压器电桥电路，是电容式传感器最基本的一种测量转换电路，其中 A

点为变压器次级绕组的中间抽头，C_1、C_2 为差分电容，初始电容均为 C_0。当被测量发生变化时，C_1、C_2 都会发生变化，$C_1 = C_0 - \Delta C$，$C_2 = C_0 + \Delta C$，输出电压为

$$U_o = \frac{C_1}{C_1 + C_2}U - \frac{1}{2}U = \frac{C_1 - C_2}{2(C_1 + C_2)}U \quad (4\text{-}23)$$

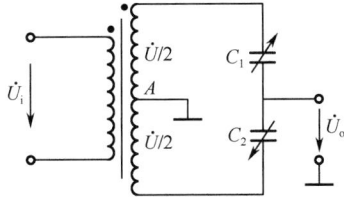

图 4-11 变压器电桥电路

由式（4-23）可知，当供桥电压 U_i 为稳定电源提供，初始电容 C_0 为常数时，输出电压仅仅是传感器输出电容相对变化量 ΔC 的单值线性函数。

22 电容式传感器运算放大器电路

2. 运算放大器电路

将电容式传感器接入开环放大倍数为 A 的运算放大器，作为电路的反馈组件，如图 4-12 所示。图中 U_i 是交流电源电压，C_0 是固定电容，C_x 是传感器电容，U_o 是放大器输出电压。由运算放大器的工作原理可得

$$U_o = -\frac{C_0}{C_x}U_i \quad (4\text{-}24)$$

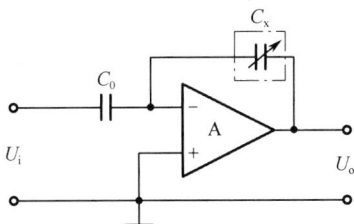

图 4-12 运算放大器电路

对于平行板电容器，有

$$C_x = \frac{\varepsilon A}{d_x} \quad (4\text{-}25)$$

则

$$U_o = -\frac{C_0}{C_x}U_i = -\frac{C_0 U_i}{\varepsilon A}d_x \quad (4\text{-}26)$$

由式（4-26）可知，运算放大器的输出电压与极板间距 d_x 呈线性关系，式中的符号"-"表示输出与输入电压反向。运算放大器电路从原理上解决了变极距型电容式传感器性能的非线性问题，但要求放大器的开环放大倍数和输入阻抗足够大。为了保证仪表的精度，还要求电源的电压幅值和固定电容稳定。

3. 环形二极管充放电法

用环形二极管充放电法测量电容的基本原理是以一个高频方波为信号源，通过一个环形二极管电桥，对被测电容进行充放电，环形二极管电桥输出一个与被测电容成正比的微安级电流，如图 4-13 所示。

23 环形二极管充放电电路

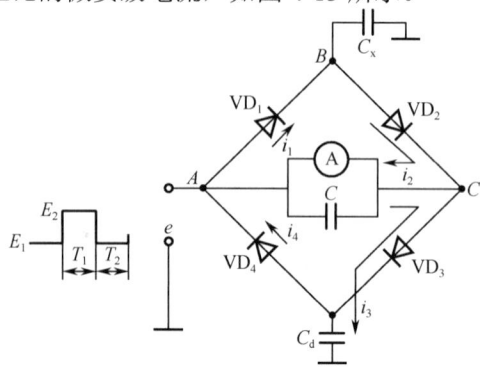

图 4-13 环形二极管充放电法

输入方波加在电桥的 A 点和地之间，C_x 为被测电容，C_d 为平衡电容式传感器初始电容的调零电容，C 为滤波电容，Ⓐ为直流电流表。在设计时，由于方波脉冲宽度足以使 C_x 和 C_d 的充放电过程在方波平顶部分结束，因此，电桥将发生如下过程。

当输入方波由 E_1 跃变到 E_2 时，C_x 和 C_d 两端的电压皆由 E_1 充电到 E_2。对 C_x 充电的电流如图 4-13 中 i_1 的方向所示，对 C_d 充电的电流如图 4-13 中 i_3 的方向所示。在充电过程中（T_1 期间），VD_2、VD_4 截止。在 T_1 期间，由 A 点向 C 点流过的电荷量为 $q_1 = C_d(E_2 - E_1)$。

当输入方波由 E_2 返回到 E_1 时，C_x、C_d 放电，它们两端的电压由 E_2 下降到 E_1，放电电流所经过的路径分别为 i_2、i_4 的方向。在放电过程中（T_2 期间），VD_1、VD_3 截止。在 T_2 期间，C 点向 A 点流过的电荷量为 $q_2 = C_x(E_2 - E_1)$。

设输入方波的频率 $f = \dfrac{1}{T_0}$（每秒要发生的充放电过程的次数），则由 C 点流向 A 点的平均电流为 $I_2 = C_x f(E_2 - E_1)$，而从 A 点流向 C 点的平均电流为 $I_3 = C_d f(E_2 - E_1)$，流过此支路的瞬时电流的平均值为

$$I = C_x f(E_2 - E_1) - C_d f(E_2 - E_1) = f\Delta E(C_x - C_d) \qquad (4\text{-}27)$$

式中，$\Delta E = E_2 - E_1$ 为输入方波的幅值。令 C_x 的初始值为 C_0，ΔC_x 为 C_x 的相对变化量，使 $C_x = C_0 + \Delta C$，$C_d = C_0$，则

$$I = f\Delta E(C_x - C_d) = f\Delta E\Delta C_x \qquad (4\text{-}28)$$

由式（4-28）可以看出，I 正比于 ΔC_x。

4. 调频电路

调频电路把电容式传感器的电容作为振荡器的一部分，与一个电感元件配合成一个振荡器。当电容式传感器工作时，电容发生变化，导致振荡频率产生相应的变化。通过鉴频器将频率的变化转换成振幅的变化，经放大器放大后进行显示的方法被称为调频法。调频电路的原理框图如图 4-14 所示。

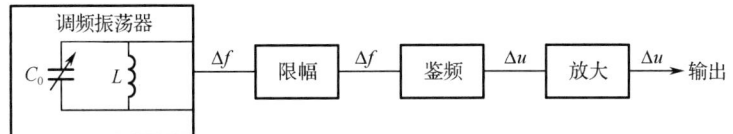

图 4-14 调频电路的原理框图

调频振荡器的振荡频率为

$$f = \frac{1}{2\pi\sqrt{LC}} \tag{4-29}$$

式中，L——振荡器的电感；

C——振荡器总电容，$C = C_0 \pm \Delta C$，C_0 为传感器的初始电容、振荡器的固有电容、传感器的引线分布电容的综合；

ΔC——传感器电容的相对变化量。

当没有被测信号时，$\Delta C = 0$，此时振荡器的固有频率为

$$f_0 = \frac{1}{2\pi\sqrt{LC_0}} \tag{4-30}$$

当有被测信号时，$\Delta C \neq 0$，此时振荡器的频率发生了变化，有一个相应的变化量 Δf：

$$f_0' = \frac{1}{2\pi\sqrt{L(C_0 \pm \Delta C)}} = f_0 \mp \Delta f \tag{4-31}$$

由此可见，当输入导致传感器电容发生变化时，振荡器的振荡频率发生变化（Δf），此时虽然频率可以作为测量系统的输出，但系统是非线性的，不易校正。解决办法是加入鉴频器，将频率的变化转换成振幅的变化（Δu），经过放大器放大后就可以用仪表指示或用记录仪表进行记录了。

四、任务实施

1. 原理图

电容式传感器汽车油箱液位控制电路的原理图如图 4-15 所示。

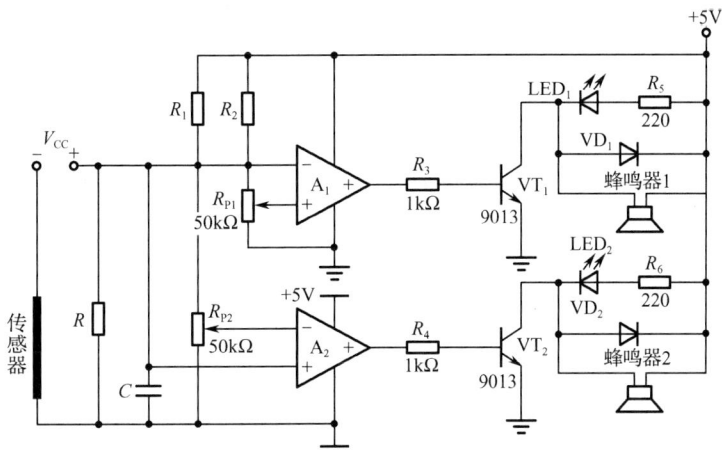

图 4-15 电容式传感器汽车油箱液位控制电路的原理图

2. 电路分析

在图 4-15 中，V_{CC} 是传感器的供电电源电压，此处为 24V/DC，传感器的输出信号为 4～20mA 电流，经过电阻 R 后转换成电压，（$R \leq 200\Omega$，转换后的电压≤4V），将该电压分别接在 A_1 的反相输入端、A_2 的同相输入端。A_1 和 A_2 为开环应用，作为电压比较器，只需将 R_{P1} 和 R_{P2} 调整为适当的数值，便构成上、下限报警电路。当液位下降时，传感器输出电流减小，对应的电压也随之下降，当降到设定值时，A_1 的输出电位突然升高，使 VT_1 导通，同时 LED_1 发红光，蜂鸣器 1 报警。当液位上升时，传感器输出电流增大，对应的电压也随之上升，当升到设定值时，A_1 翻转，VT_1 截止，停止报警。当液位继续上升，超过设定值时，A_2 的输出电位突然升高，使 VT_2 导通，同时 LED_2 发绿光，蜂鸣器 2 报警。当液位降到设定值时，A_2 翻转，停止报警。

3. 元件清单

电容式传感器汽车油箱液位控制电路的元件清单如表 4-2 所示。

表 4-2 电容式传感器汽车油箱液位控制电路的元件清单

序 号	元件代号	名 称	参数或规格
1	C	电容式传感器	UMD 系列电容式物位变送器
2	R	电阻	220
			3kΩ
			1kΩ
3	R_P	可变电阻	50kΩ
4	VT	PNP 型三极管	9013
5	LED	发光二极管	—
6	VD	续流二极管	P6KE200
7	HA	蜂鸣器	—

4. 项目制作

（1）准备。

元件：按元件清单备齐。

工具：电烙铁、烙铁架、焊锡丝、松香、剪刀、尖嘴钳、螺丝刀、镊子、万用表和直流稳压电源。

（2）元件测试。

用万用表测量电容式传感器的电容随相对介电常数的变化情况。

（3）焊接。

元件在焊接上要遵循"先低后高"的原则，先焊接小元件，后焊接大元件。

（4）检查。

焊接完成后先自查，再让老师检查。

(5）通电调试。

调整电容式传感器的位置，配合油量的多少，观察声光报警的变化情况。

(6）完成实训报告。

实训报告包括任务设计与制作的意义、检查电路设计、制作与调试、检测结果与分析。

五、任务评价

电容式传感器汽车油箱液位控制电路的制作评价如表4-3所示。

表4-3 电容式传感器汽车油箱液位控制电路的制作评价

序号	名称	分值	考核点	得分
1	资讯	10	电容元件的特性、检测方法，电路的工作原理，调试方法	
2	计划	20	列出元件、工具、耗材，制定安装流程与测试步骤	
3	实施	40	正确使用仪器仪表和工具，能识别、检测元件，能设计电路布局，焊接、调试电路	
4	报告	15	格式规范、项目分析、实施、过程记录情况、想法、建议	
5	素养	15	态度、工作记录、团队合作能力、5S管理原则	

六、任务拓展

由于超声波具有易于定向发射、方向性好、强度易控制、与试件不需要直接接触的优点，所以被广泛应用于液位测量。在测量中，脉冲超声波由传感器（换能器）发出，声波经试件表面反射后被同一传感器接收，转换成电信号，并由声波的发射和接收之间的时间来计算传感器到试件的距离。

24 超声波式传感器

（一）超声波的基本知识

我们知道，当物体振动时会发出声音。科学家将每秒振动的次数称为声音的频率，它的单位是Hz（赫兹），我们称为声波。声波是一种机械波，当它的振动频率在20~20kHz范围内时，人耳能听到，称为可闻波。当声波的振动频率小于20Hz时，人耳不能听到，称为次声波，但许多动物却能感受到，如地震前的次声波会引起许多动物的异常反应。我们把频率大于20kHz的声波称为超声波。超声波具有方向性好、穿透能力强、易于获得较集中的声能、在水中传播距离远等特点，可用于测距、测速、清洗、焊接、碎石、杀菌消毒等，在医学、军事、工业、农业上有很广泛的应用。

超声波的频率越高，声场的方向性越好，能量越集中，声波越接近光波的某些特性（如反射、折射定律）。当超声波向两个不同的介质传播，入射波以α角从第一种介质传播到第二种介质时，在介质分界面会有部分能量反射回原介质中的波，称为反射波；剩余的能量透过介质分界面在第二种介质内继续传播，称为折射波，如图4-16所示。

（1）超声波反射定律：入射角α的正弦与反射角θ的正弦之比等于入射波所处介质的波速c与反射波所处介质的波速c_1之比。

（2）超声波折射定律：入射角α的正弦与折射角β的正弦之比等于入射波所处介质的

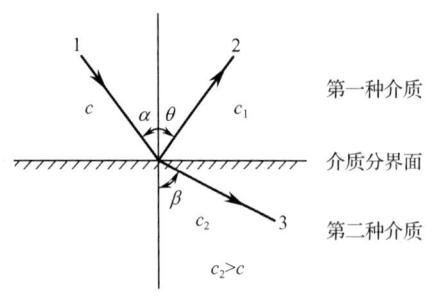

图 4-16 超声波的特性

波速 c 与折射波所处介质的波速 c_2 之比。

（3）超声波透射率：当超声波从第一种介质垂直入射到第二种介质传播时，透射声压与入射声压之比。

（4）超声波反射率：反射声压与入射声压之比。当入射波和反射波的波形、波速一样时，入射角等于反射角。当超声波从密度小的介质入射到密度大的介质时，透射率和反射率都较大。

（二）超声波的传播形式

（1）纵波。质点的振动方向与波的传播方向一致，又称压缩波，如图 4-17（a）所示。纵波的传播速度较快，可在气体、液体和固体中传播，人讲话时产生的声波就属于纵波。

（2）横波。质点的振动方向与波的传播方向相互垂直，如图 4-17（b）所示。横波的传播速度较慢，约为纵波的一半，只能在固体中传播。

（3）表面波。固体的质点在固体表面的平衡位置附近做椭圆形轨迹的振动，使振动波只沿着固体的表面向前传播，如图 4-17（c）所示。表面波的传播速度约为横波的 90%，故又称慢波。

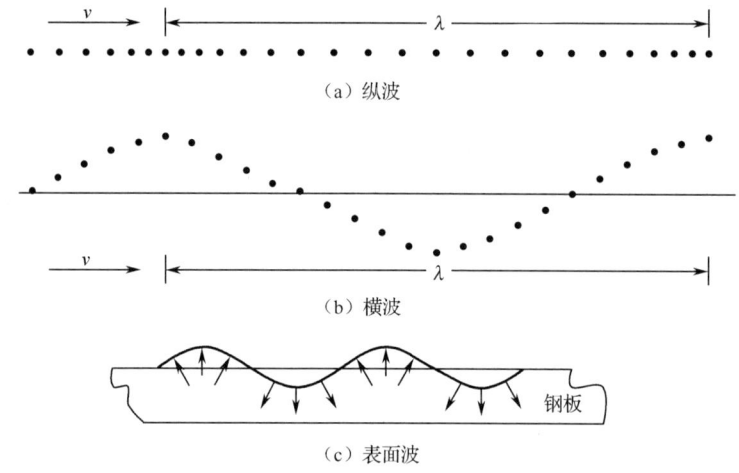

图 4-17 超声波的传播形式

（三）超声波传感器的工作原理

超声波传感器的工作原理如图 4-18 所示。由图 4-18 可知，与其他类型的传感器不同，超声波传感器要以超声波为检测手段，必须产生并发射超声波（超声波发射器），还要接收和处理超声波（超声波接收器），习惯上称为超声波换能器或超声探头。

在图 4-19 中，超声波发射器与超声波接收器分别置于试件两侧的称为透射型，主要应用于遥控器、防盗报警装置、自动门、接近开关等；超声波发射器与超声波接收器为一体的称为反射型，主要应用于材料探伤、测厚及医学扫描成像等；超声波发射器与超声波接收器置于试件同侧的称为分离反射型，主要应用于测距、液位或料位的检测。

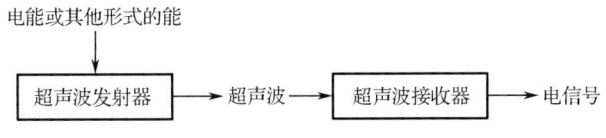

图 4-18　超声波传感器的工作原理

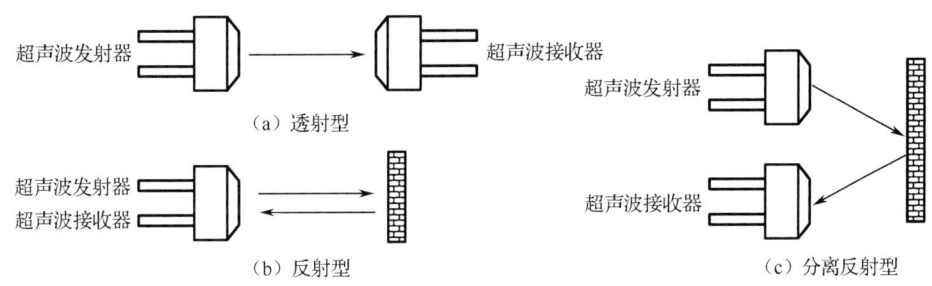

图 4-19　常见超声波传感器的基本应用

一般来说，如果是超声波发射器，则在其底部印有字母"T"（Transmitter）；如果是超声波接收器，则在其底部印有字母"R"（Receiver）。

超声波由换能器（交变电能和机械能相互转换）产生，换能器有压电式、磁致伸缩式、电磁式几种。我们仅以压电式换能器为例说明其工作原理。

压电式换能器是利用压电晶体的谐振来工作的，超声波发射器内部有并联的两个压电晶片和一个共振板，当压电晶片的两个电极外加脉冲信号，其频率等于压电晶片的固有振荡频率时，压电晶片将发生共振，并带动共振板振动，产生超声波。反之，如果两个电极间未外加电压，当共振板接收到超声波时，将压迫压电晶片振动，将机械能转换成电信号，这时它就成为超声波接收器。

超声波发射器向某方向发射超声波，同时开始计时，超声波在空气中传播，途中碰到障碍物就立即返回，超声波接收器收到反射波后立即停止计时。超声波在空气中的传播速度约为340m/s。根据计时器记录的时间 t，可以计算出发射点距障碍物的距离 s，即 $s = \dfrac{340t}{2}$。

（四）电容式传感器的应用

电容式传感器的应用非常广泛，除了可以测量位置，还可以测量厚度、压力、加速度、位移、湿度及成分等参数。

1. 电容式厚度传感器

电容式厚度传感器用于测量金属带材在轧制过程中的厚度，其原理如图 4-20 所示。在被测金属带材的上下两边各放一块面积相等、与带材中心等距的极板，这样，极板与带材就构成两个电容器（带材也可作为一个极板）。用引线将两个极板连接起来作为一个极板，带材作为电容器的另一个极板，此时，相当于两个电容器并联，其总电容 $C = C_1 + C_2$。

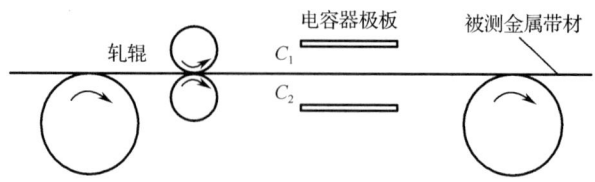

图 4-20 电容式厚度传感器的原理

金属带材在轧制过程中不断前行,如果带材厚度有变化,将导致它与上下两个极板间的距离发生变化,从而引起电容变化。将总电容作为交流电桥的一臂,电容的变化将使得交流电桥产生不平衡输出,从而实现对带材厚度的检测。

2. 电容式油量表

图 4-21 所示为飞机上使用的一种电容式油量表的原理。它采用自动平衡电桥,油箱液位由电容式传感器、交流放大器、伺服电机、减速箱、指针等部件组成。电容 C_x 接入电桥的一个臂,C_0 为固定的标准电容,R_W 为调整电桥平衡的电位器,其电刷与指针同轴连接。

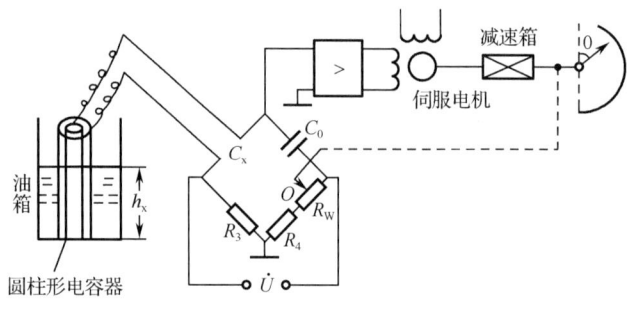

图 4-21 电容式油量表的原理

(1) 当油箱无油时,电容式传感器有一初始电容 C_{x0},令 $C_0 = C_{x0}$,且 R_W 的滑动臂位于零位,即 $R_W = 0$,相应指针也指在零位上,令

$$\frac{C_{x0}}{C_0} = \frac{R_4}{R_3}$$

使电桥处于平衡状态,输出为零,伺服电机不转动。

(2) 若油箱中油量增加,液位上升到 h_x 处,则 $C_x = C_{x0} + \Delta C_x$,其中 ΔC_x 与 h_x 成正比,设 $\Delta C_x = k_1 h_x$,此时电桥处于不平衡状态,输出电压经过放大后驱动伺服电机,经减速后一方面带动指针偏转 θ 角,以指示出油量的多少;另一方面调节 R_W,使电桥重新处于平衡状态。在新的平衡位置上有

$$\frac{C_{x0} + \Delta C}{C_0} = \frac{R_4 + R_W}{R_3}$$

整理得

$$R_W = \frac{R_3}{C_0} \Delta C_x = \frac{R_3}{C_0} k_1 h_x$$

因为指针与 R_W 的滑动臂同轴连接,R_W 和 θ 角之间存在确定的对应关系,设 $\theta = k_2 R_W$,则

$$\theta = k_2 R_W = k_1 k_2 \frac{R_3}{C_0} h_x$$

可见，θ 与 h_x 呈线性关系，可以从刻度盘上读出液位高度。

3. 差动电容式压力传感器

差动电容式压力传感器如图 4-22 所示，其主要结构为一个膜片动电极和两个在凹形玻璃上电镀的固定电极组成的差电容器。

当被测压力或压力差作用于膜片并使之产生位移时，形成的两个电容器的电容一个增大，一个减小。该电容的变化经测量转换电路转换成与压力或压力差相对应的电流或电压的变化。

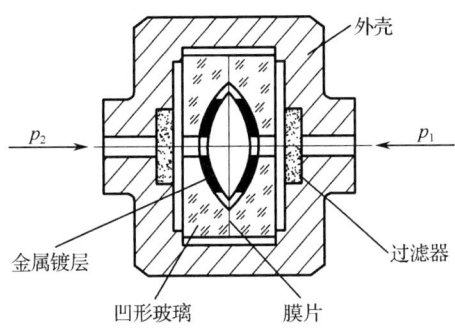

图 4-22 差动电容式压力传感器

4. 差动电容式加速度传感器

差动电容式加速度传感器主要由两个固定极板和一个质量块组成，中间的质量块采用弹簧片进行支撑，它的两个端面经过磨平抛光后作为动极板，如图 4-23 所示。

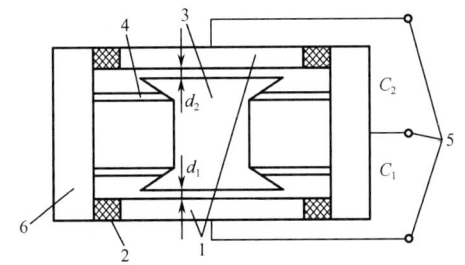

1—固定电极；2—绝缘垫；3—质量块；4—弹簧；5—输出端；6—壳体

图 4-23 差动电容式加速度传感器

当传感器壳体随试件沿垂直方向做直线加速运动时，质量块在惯性空间中相对静止，两个固定电极将相对于质量块在垂直方向上产生大小正比于试件加速度的位移。此位移使两个电容器的间隙发生变化，一个增大，一个减小，从而使 C_1、C_2 产生大小相等、符号相反的变化量，此变化量正比于试件加速度。

差动电容式加速度传感器的特点是频率响应快和测量范围大，大多采用空气或其他气体作为阻尼物质。

5. 圆筒式变面积型电容式位移传感器

圆筒式变面积型电容式位移传感器如图 4-24 所示，测量时，活动电极随试件发生轴向移动，从而改变活动电极与两个固定电极之间的有效覆盖面积，使电容发生变化，电容的变化量与位移成正比。开槽弹簧片为传感器的导向与支承，无机械摩擦，灵敏度高，但行程小，主要用于接触式测量。

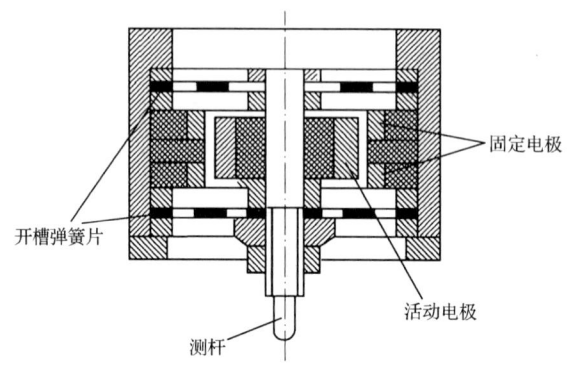

图 4-24　圆筒式变面积型电容式位移传感器

6. 电容式湿度传感器

电容式湿度传感器主要用来测量环境的相对湿度，其感湿组件是高分子薄膜式湿敏电容器，其结构如图 4-25 所示。它的两个上电极是梳状金属电极，下电极是网状多孔金属电极，上下电极间是亲水性高分子薄膜。两个上电极、高分子薄膜和下电极构成两个串联的电容器，其等效电路如图 4-25（c）所示。当环境相对湿度改变时，高分子薄膜通过下电极吸收或放出水分，使高分子薄膜的介电常数发生变化，从而导致电容变化。

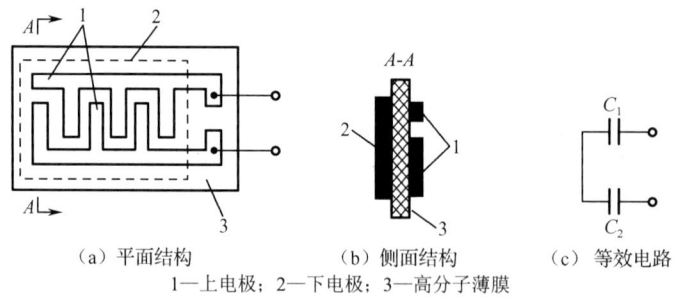

（a）平面结构　　（b）侧面结构　　（c）等效电路
1—上电极；2—下电极；3—高分子薄膜

图 4-25　湿敏电容器的结构

（五）超声波传感器的典型应用

1. 测量厚度

脉冲回波法测量试件厚度如图 4-26 所示。超声波传感器与试件表面相接触，由主控制器产生一定频率的脉冲信号，送往发射器，经电流放大后加在超声波传感器左边的压电晶片上，从而激励超声波传感器产生重复的超声波脉冲。超声波脉冲传到试件的另一表面后反射回来，被超声波传感器右边的压电晶片接收。若已知超声波脉冲在试件中的传播速度 v，设试

件厚度为 d，超声波脉冲从发射到接收的时间间隔 Δt 可以测量，则可求出试件厚度为

$$d = \frac{v\Delta t}{2}$$

用超声波传感器测量试件厚度，具有测量精度高、操作安全简单、易于读数、能实现连续自动检测、测试仪器轻便等优点。但是，对于声衰减很大的材料，以及表面凹凸不平或形状极不规则的试件，利用超声波传感器测量厚度比较困难。

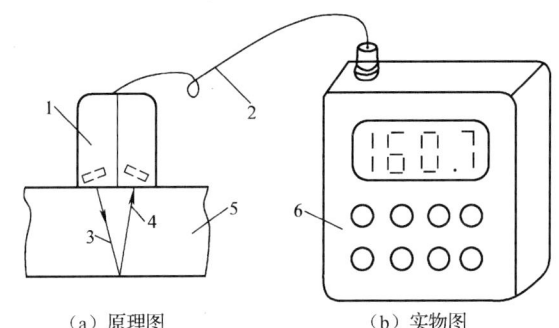

（a）原理图　　　　　（b）实物图
1—双晶直探头；2—引线电缆；3—入射波；4—反射波；5—试件；6—显示仪表

图 4-26　脉冲回波法测量试件厚度

2. 无损探伤

人们在使用各种材料的长期实践中，观察到大量的缺陷现象，它曾给人类带来许多灾难事故，涉及舰船、飞机、轴类、压力容器、宇航器、核设备等，对缺陷的检测手段有破坏性试验和无损探伤。由于无损探伤以不损坏试件为前提，所以得到了广泛应用。

无损探伤的方法有磁粉检测、电涡流、荧光染色渗透、放射线照相检测、超声波探伤等。其中。超声波探伤是目前广泛应用的无损探伤手段。它既可检测材料表面的缺陷，又可检测内部几米深的缺陷，这是 X 光探伤所达不到的深度。

超声波探伤利用超声波入射试件内部，当声束遇到缺陷时会使产生的发射回波或穿透波衰减，从而判断试件内部是否存在缺陷、缺陷的大小和位置。根据检测原理分为穿透法探伤和反射法探伤。穿透法探伤根据超声波穿透试件后能量的变化情况来判断试件内部质量；反射法探伤根据超声波在试件上反射情况的不同来探测试件内部是否有缺陷。这里主要介绍常用的反射法探伤，反射法探伤根据超声波波形的不同又分为纵波探伤、横波探伤和表面波探伤。

（1）纵波探伤。

纵波探伤采用超声直探头，其示意图如图 4-27 所示。检测时，将探头放置在试件上，并在试件表面来回移动。检测时，探头发射出超声波，以垂直方向在试件内部传播。如果传播路径上没有缺陷，则超声波到达底部便产生反射，荧光屏上出现始波脉冲 T 和底部脉冲 B，如图 4-27（a）所示；如果试件有缺陷，一部分脉冲将在缺陷处产生反射，另一部分则连续传播到达试件底部产生反射，因而在荧光屏上除始波脉冲 T 和底部脉冲 B 外，还会出现缺陷脉冲 F，如图 4-27（b）所示。

（2）横波探伤。

当遇到纵深方向的缺陷时，采用直探头很难真实地反映缺陷的形状和大小。此时应采

用斜探头探测,如图 4-28 所示。控制倾斜角度使斜探头发出的超声波以横波方式在试件的上下表面逐次反射传播直至端面。横波探伤一般作为粗检,为准确探测缺陷的性质、取向等,应采用不同的探头反复进行检测,方可较准确地描绘出缺陷的形状和大小。

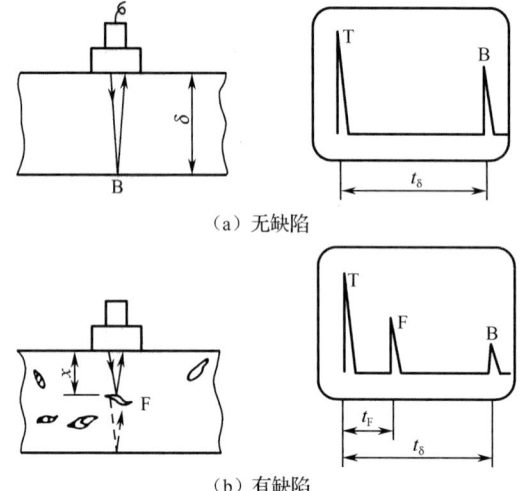

图 4-27 纵波探伤的示意图

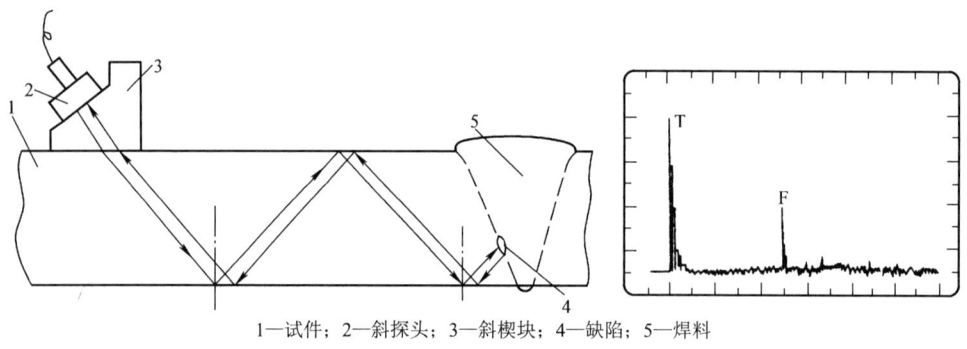

1—试件;2—斜探头;3—斜楔块;4—缺陷;5—焊料

图 4-28 横波探伤的示意图

(3)表面波探伤。

表面波探伤的示意图如图 4-29 所示。由于表面波沿着工作表面做椭圆形轨迹传播,且不受表面形状曲线的影响。当试件表面有缺陷时,表面波将沿表面反射回探头。因此,在显示器上显示出缺陷脉冲 F。综合考虑缺陷脉冲 F 的幅度及距离,就可以大致判断缺陷的大小。

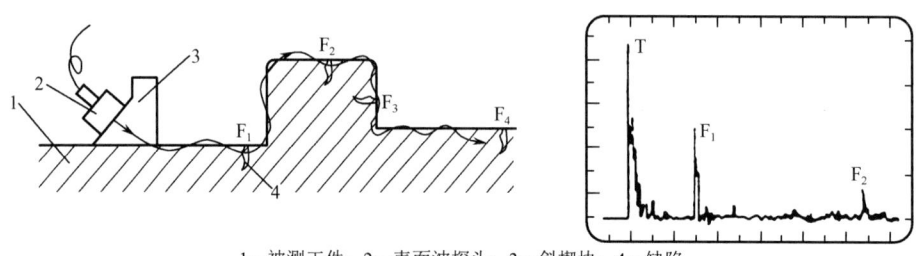

1—被测工件;2—表面波探头;3—斜楔块;4—缺陷

图 4-29 表面波探伤的示意图

项目 4 位置的测量

【项目梳理思维导图】

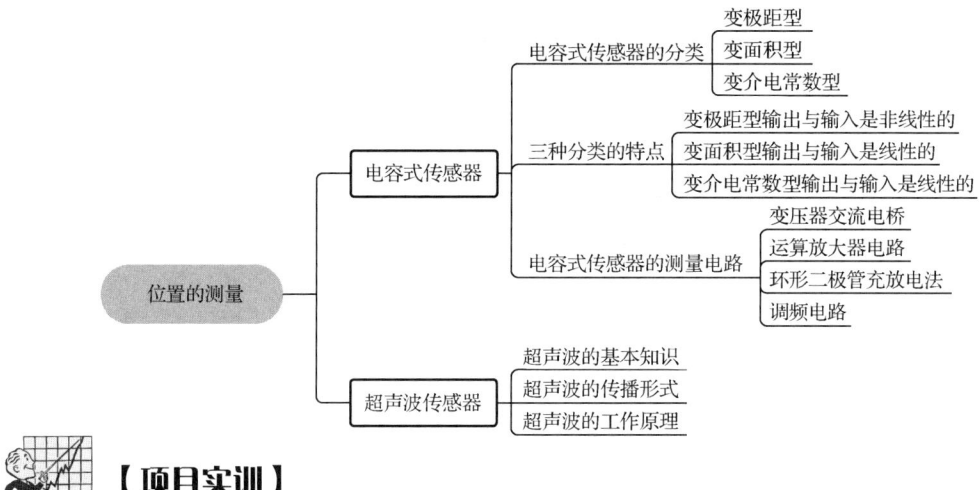

【项目实训】

电容式传感器位移特性实验

一、实验目的

了解电容式传感器的结构及其特点。

二、基本原理

利用平行板电容器中 $C = \varepsilon A/d$ 和其他结构的关系式，通过相应的结构和测量转换电路，可以选择在 ε、A、d 三个参数中，保持两个参数不变，只改变其中一个参数，则有测谷物干燥度（ε 变）、测微小位移（d 变）和测量液位（A 变）等多种电容式传感器。

三、实验器件

电容式传感器、CGQ-004 实验模块、测微头、电压表、直流稳压源。

四、实验步骤

1. 按图 4-30 将电容式传感器安装于实验模块上。
2. 将电容式传感器连线插入实验模块。
3. 将实验模块的输出端 V_o 与电压表单元 V_i 相接（插入主控箱 V_i 孔），R_{W2} 的滑动臂调节到中间位置。
4. 接入±15V 电源，旋动测微头推进电容式传感器动极板位置，每隔 0.2mm 记下位移 X 与输出电压，填入表 4-4。

表 4-4 电容式传感器位移与输出电压

X/mm										
V/mV										

5．根据表 4-4 中的数据计算电容式传感器的灵敏度 S 和非线性误差 δ_f。

实验完毕，关闭主控箱电源。

五、思考题

1．试设计利用 ε 的变化测量谷物湿度的传感器原理及结构。能否叙述一下在设计中应考虑哪些因素？

2．根据测量结果，画出传感器的输入和输出特性曲线。

3．观察传感器的特性曲线，分析产生非线性误差的原因。

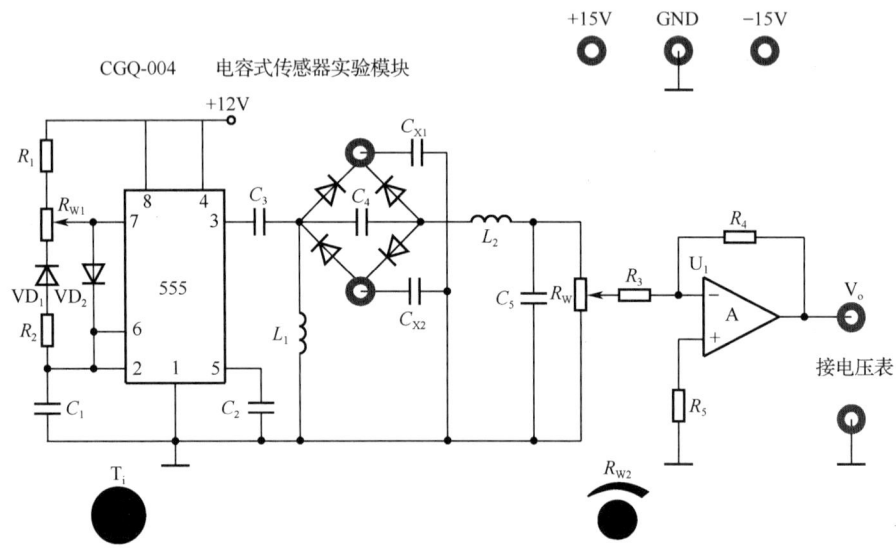

图 4-30 电容式传感器位移特性实验接线图

【项目自测】

1．填空题

（1）变极距型电容式传感器的灵敏度是_____。

（2）根据工作原理的不同，电容式传感器可分为_____、_____和_____三种。

（3）电容式传感器有三种类型，_____型传感器理论上是非线性传感器，其非线性可以通过采用_____型测量转换电路得以解决。

（4）变介电常数型电容式传感器多用于_____的测量；变面积型电容式传感器常用于较大_____的测量。

（5）变极距型电容式传感器做成差动结构后，灵敏度提高了_____倍。

2．选择题

（1）当变极距型电容式传感器的初始极板间距 d 增加时，将引起传感器的（　　）。

A．灵敏度增大　　　　　　　　　　B．灵敏度减小

C．非线性误差增大　　　　　　　　D．非线性误差减小

(2) 用电容式传感器测量固体或液体位置时,应该选用(　　)电容式传感器。
A. 变极距型　　　　　　　　　B. 变介电常数型
C. 变面积型　　　　　　　　　D. 空气介质变极距型
(3) 变极距型电容式传感器的非线性误差与初始极板间距 d 之间(　　)。
A. 成正比　　　　B. 成反比　　　　C. 无关系
(4) 电容式传感器做成差动结构之后,灵敏度(　　),非线性误差(　　)。
A. 提高,增大　　B. 提高,减小　　C. 降低,增大　　D. 降低,减小
(5) 若变极距型电容式传感器的初始极板间距(　　),则传感器灵敏度将(　　)。
A. 增大,不变　　　　　　　　B. 减小,不变
C. 减小,减小　　　　　　　　D. 减小,增大
(6) 在电容式传感器中,若采用调频电路,则(　　)。
A. 电容和电感均为变量　　　　B. 电容是变量,电感保持不变
C. 电容保持不变,电感为变量　　D. 电容和电感均保持不变

3. 简答题

(1) 电容式传感器有哪些类型?说明各类型的电容式传感器的工作原理。
(2) 试讨论变极距型电容式传感器的非线性及其补偿方法。
(3) 电容式传感器中寄生电容产生的原因是什么?说明消灭寄生电容常用的方法及其原理。
(4) 采用运算放大器作为电容式传感器的测量转换电路,其输出特性是否为线性?为什么?
(5) 如何改善单极式变极距型电容式传感器的非线性?

4. 计算题

(1) 有一只变极距型电容式传感器,两个极板的有效覆盖面积为 $8×10^{-4}m^2$,极板间距为 1mm,已知空气的相对介电常数是 1.0006,试计算该传感器的灵敏度。
(2) 什图 4-31 所示的正方形平行板电容器中,极板长度 a=4cm,极板间距 δ=0.2mm。若用此传感器测量位移 x,试计算该传感器的灵敏度,并画出传感器的特性曲线。极板间介质为空气, ε_0=8.85×10^{-12}F/m。

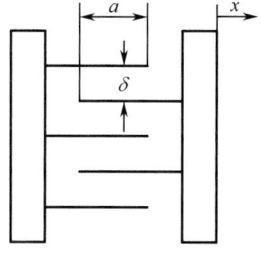

图 4-31　项目 4 自测 1 图

(3) 有一平面直线位移差动传感器,其测量转换电路采用变压器交流电桥电路,结构组成如图 4-32 所示。电容式传感器起始时 $b_1=b_2$=200mm, $a_1=a_2$=20mm,极板间距 d=2mm,

极板间介质为空气，测量转换电路 $u_1 = 3\sin\omega t$ V，且 $u = u_i$。试求当动极板上输入一位移 $\Delta x = 5$mm 时，输出电压 u_o。

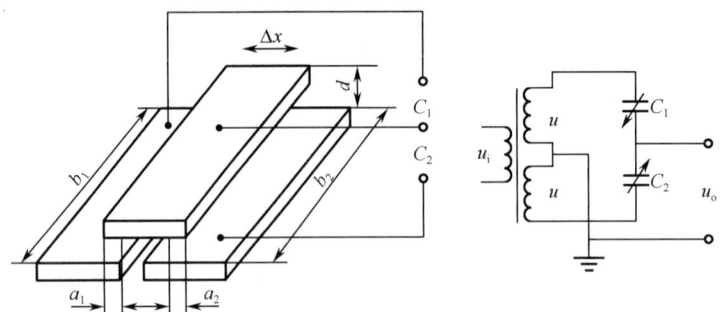

图 4-32 项目 4 自测 2 图

（4）变极距型电容式传感器的测量转换电路为运算放大器电路，如图 4-33 所示。$C_0 = 200$pF，传感器的初始电容 $C_{x0} = 20$pF，极板间距 $d_0 = 1.5$mm，运算放大器为理想放大器（$K \to \infty$，$Z_i \to \infty$），R_f 极大，输入电压 $u_1 = 5\sin\omega t$ V。求当动极板上输入一位移 $\Delta x = 0.15$mm 使 d_0 减小时，输出电压 u_o 为多少。

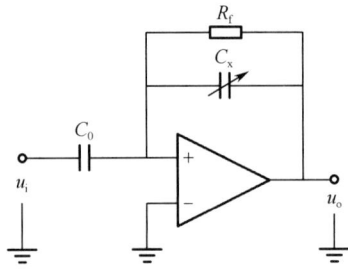

图 4-33 项目 4 自测 3 图

（5）图 4-34（a）所示为电容式差压传感器，金属膜片与两盘构成差动电容 C_1、C_2，两边压力分别为 p_1、p_2。图 4-34（b）所示为二极管双 T 型电路，电路中的电容是图 4-34（a）中的差动电容，电源 E 是占空比为 50% 的方波。试分析：

① 当两边压力相等，即 $p_1=p_2$ 时，负载电阻 R_L 上的电压 U_o。

② 当 $p_1>p_2$ 时，负载电阻 R_L 上的电压 U_o 的大小和方向（正负）。

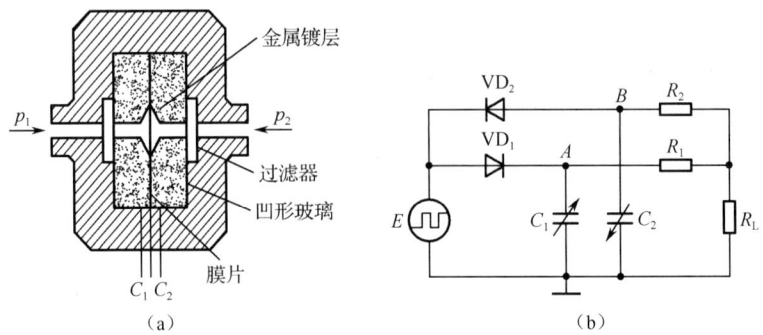

图 4-34 项目 4 自测 4 图

项目5 速度的测量

速度是机械行业常见的测量参数之一,用来测定电机的转速、线速度或频率,常用于电机、电扇、造纸、洗衣机、汽车等制造业。

单位时间内位移的变化量就是速度。速度包括线速度和角速度,与之相对应的传感器为线速度传感器和角速度传感器,统称速度传感器。

本项目学习任务:用霍尔式传感器和光电传感器测量速度。

知识目标

1. 熟悉霍尔元件转速测量转换电路。
2. 掌握霍尔效应。
3. 了解霍尔元件的结构特点。
4. 掌握集成霍尔式传感器的结构。
5. 掌握光电传感器的分类及特点。

技能目标

1. 能正确选择速度传感器。
2. 能识读速度传感器的电路图。
3. 能完成电路的焊接和调试。
4. 能检测和排除速度传感器电路的故障。

素质目标

1. 培育敬事而信的中华民族传统美德。
2. 培育百折不挠的科学精神。
3. 培养爱岗敬业的工匠精神。

一、任务描述

在生活和生产中的很多方面都要求对速度进行精确测量,尤其在转速方面,对所有旋转机械而言,都需要监测旋转机械轴的转速,转速是衡量机器正常运转的一个重要指标。例如,人们日常生活中所用的电大都是通过发电机进行发电的,而这时就要知道发电机的转速,以便对其进行控制,输出稳定电压,否则将会给我们的生活和生产带来很多不方便;一些机床设备要求电动机有稳定的转速输出才能正常工作,要知道此刻电动机的转速以便实行控制。所以,面对生活和生产中对转速要求高的设备,要知道其转速,根据转速对其进行精确控制。

二、任务分析

转速的测量方法可以分为两类,一类是直接法,即直接观测机械或电机的机械运动,测量特定时间内机械旋转的圈数,从而测出机械运动的转速;另一类是间接法,即测量由于机械转动导致的其他物理量的变化,由这些物理量的变化与转速的关系来得到转速。同时,从测速仪是否与转轴接触方面来划分,转速的测量方法又可分为接触式和非接触式两类。本项目以霍尔元件测速法来完成转速的测量。

三、知识引入

(一) 霍尔效应

25 霍尔效应及霍尔元件

将金属或半导体薄片置于磁感应强度为 B 的磁场中,磁场方向垂直于薄片,如图 5-1 所示。当有电流 I 流过薄片时,在垂直于电流和磁场方向上将产生电动势 E_H,这种现象称为霍尔效应,该电动势称为霍尔电动势。上述半导体薄片称为霍尔元件。

在图 5-1 中,在垂直于外磁场 B 的方向上放置一块导电板,导电板通以电流 I,方向如图所示。导电板中的电流使金属中的电子在电场的作用下做定向运动。此时,每个电子都受洛伦兹力 f_1 的作用,f_1 的大小为

$$f_1 = eBv$$

式中,e——电子的电荷量;
v——电子运动的平均速度;
B——磁场的磁感应强度。

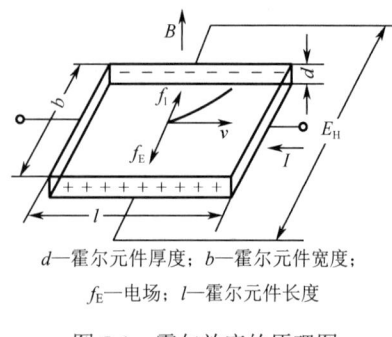

d—霍尔元件厚度;b—霍尔元件宽度;
f_E—电场;l—霍尔元件长度

图 5-1 霍尔效应的原理图

f_1 的方向在图 5-1 中是向内的,此时电子除了沿电流反方向做定向运动,还在 f_1 的作用下漂移,使导电板内侧面积累电子,而外侧面积累正电荷,从而形成附加内电场 E_H,称为霍尔电场,电场强度为

$$E_H = \frac{U_H}{b} \tag{5-1}$$

式中,U_H——电位差。

霍尔电场的出现,使定向运动的电子除了受洛伦兹力的作用,还受霍尔电场力的作用,

其大小为 eE_H，此力阻止电荷继续积累。随着内、外侧面积累电荷的增加，霍尔电场强度增大，电子所受的霍尔电场力也增大，当电子所受洛伦兹力与霍尔电场力大小相等、方向相反，即 $eE_H = eBv$ 时，有

$$E_H = Bv \tag{5-2}$$

此时，电荷不再向两侧面积累，达到平衡状态。

若导电板单位体积内的电子数为 n，电子定向运动的平均速度为 v，则激励电流 $I = nevbd$，即

$$v = \frac{I}{nebd} \tag{5-3}$$

将式（5-3）代入式（5-2）得

$$E_H = \frac{IB}{nebd}, \quad \frac{U_H}{b} = \frac{IB}{nebd} \tag{5-4}$$

所以

$$U_H = \frac{IB}{ned} \tag{5-5}$$

令 $R_H = \dfrac{1}{ne}$，称为霍尔常数，其大小取决于导体载流子密度，令 $K_H = \dfrac{R_H}{d}$，称为霍尔元件的灵敏度，则

$$U_H = \frac{R_H IB}{d} = K_H IB \tag{5-6}$$

综上，霍尔电动势正比于激励电流及磁感应强度，霍尔元件的灵敏度与霍尔系数 R_H 成正比，而与霍尔元件的厚度 d 成反比。为了提高灵敏度，霍尔元件常制成薄片形状。

若要霍尔效应强，则希望有较大的霍尔系数 R_H，因此要求霍尔元件材料有较大的电阻率和载流子迁移率。一般金属材料的载流子迁移率很大，但电阻率很小；而绝缘材料的电阻率极大，但载流子迁移率极小，故只有半导体材料适用于制造霍尔元件。目前常用的霍尔元件材料有锗、硅、砷化铟、锑化铟等半导体材料。其中，N 型锗容易加工制造，其霍尔系数、温度性能和线性度都较好；N 型硅的线性度最好，其霍尔系数、温度性能同 N 型锗一样；锑化铟对温度最敏感，在低温范围内，温度系数大，在室温下，霍尔系数较大；砷化铟的霍尔系数较小，温度系数也较小，线性度好。表 5-1 所示为常用国产霍尔元件的技术参数。

表 5-1 常用国产霍尔元件的技术参数

参数名称/单位	符 号	HZ-1 型	HZ-4 型	HT-2 型	HS-1 型
		材料（N 型）			
		Ge(111)	Ge(100)	InSb	InAs
电阻率/($\Omega \cdot$cm)	ρ	0.8～1.2	0.4～0.5	0.003～0.005	—
几何尺寸/mm	$l \times b \times d$	8×4×0.2	8×4×0.2	8×4×0.2	8×4×0.2
输入电阻/Ω	R_i	110（1±0.2）	45（1±0.2）	0.8（1±0.2）	1.2（1±0.2）
输出电阻/Ω	R_o	100（1±0.2）	40（1±0.2）	0.5（1±0.2）	1（1±0.2）
灵敏度/(mV/(mA·T))	K_H	>1.2	>4.0	0.18（1±0.2）	0.1（1±0.2）

续表

参数名称/单位	符 号	HZ-1 型	HZ-4 型	HT-2 型	HS-1 型
		材料（N 型）			
		Ge(111)	Ge(100)	InSb	InAs
不等位电阻/Ω	r_o	<0.07	<0.02	<0.005	<0.003
寄生直流电动势/μV	U	<150	<100	—	—
额定控制电流/mA	I	20	50	300	200
霍尔电动势温度系数/℃$^{-1}$	α	0.04%	0.03%	-1.5%	—
内阻温度系数/℃$^{-1}$	δ	0.5%	0.3%	-0.5%	—
热阻/（℃/mW）	R_Q	0.4	0.1	—	—
工作温度/℃	T	-40～+45	-40～+75	0～+40	-40～+60

（二）霍尔元件

1. 霍尔元件的基本结构

霍尔元件的结构很简单，由霍尔片、4 根引线和壳体组成，如图 5-2（a）所示。

霍尔片是一块矩形半导体单晶薄片，由它引出 4 根引线：1、1′引线加激励电压或电流，称为激励电极（控制电极）；2、2′引线为霍尔输出引线，称为霍尔电极。霍尔元件的壳体是用非导磁金属、陶瓷或环氧树脂封装的。在电路中，霍尔元件一般可用两种符号表示，如图 5-2（b）所示。

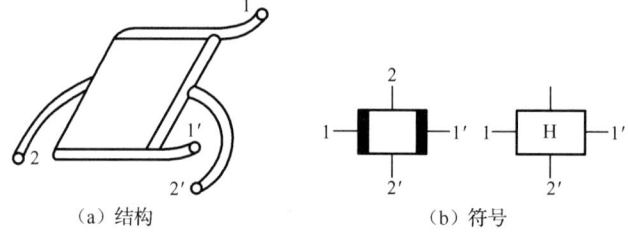

（a）结构　　　（b）符号

图 5-2 霍尔元件

26 霍尔元件技术参数与测量补偿

2. 霍尔元件的基本特性

（1）额定激励电流和最大允许激励电流。

当霍尔元件自身温升为 10℃时所流过的激励电流称为额定激励电流；以霍尔元件最大允许温升为限制所对应的激励电流称为最大允许激励电流。因霍尔电动势随激励电流的增大而线性增加，所以使用中希望选用尽可能大的激励电流，因而需要知道霍尔元件的最大允许激励电流。改善霍尔元件的散热条件，可以使激励电流增大。

（2）输入电阻和输出电阻。

激励电极间的电阻称为输入电阻。霍尔电极输出电动势对电路外部来说相当于一个电压源，其电源内阻为输出电阻。以上电阻是在磁感应强度为零，且环境温度为 20℃±5℃时确定的。

（3）不等位电动势和不等位电阻。

当霍尔元件的激励电流为 I 时，若其所处位置的磁感应强度为零，则霍尔电动势应该为零，但实际不为零。这时测得的空载霍尔电动势称为不等位电动势，如图 5-3 所示。产生这一现象的原因如下。

① 霍尔电极安装位置不对称或不在同一等电位面上。

② 半导体材料不均匀导致电阻率不均匀或几何尺寸不均匀。

③ 激励电极接触不良导致激励电流不均匀。

寄生直流电动势一般在 1mV 以下，它是影响霍尔片温漂的原因之一。

④ 霍尔电动势温度系数。

在一定磁感应强度和激励电流下，温度每变化 1℃时，霍尔电动势变化的百分率称为霍尔电动势温度系数，它同时是霍尔系数的温度系数。

3. 霍尔元件不等位电动势补偿

不等位电动势与霍尔电动势具有相同的数量级，有时甚至超过霍尔电动势，而实际上要消除不等位电动势是极其困难的，因而必须采用补偿的方法。在分析不等位电动势时，可以把霍尔元件等效为一个电桥电路，用电桥平衡来补偿不等位电动势。

图 5-4 所示为霍尔元件的等效电路，其中，A、B 为霍尔电极，C、D 为激励电极，电极分布电阻分别用 r_1、r_2、r_3、r_4 表示，把它们看作电桥的四个桥臂。理想情况下，A、B 电极处于同一等电位面上，$r_1 = r_2 = r_3 = r_4$，电桥平衡，不等位电动势 U_0 为 0。实际上，由于 A、B 电极不在同一等电位面上，因此四个电阻的阻值不相等，电桥不平衡，不等位电动势不等于零。此时，可根据 A、B 电位的高低，判断应在某一桥臂上并联一定阻值的电阻，使电桥达到平衡，从而使不等位电动势为零。

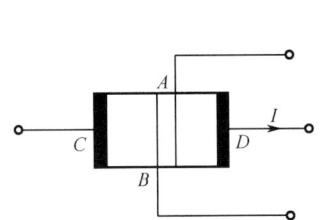

图 5-3 不等位电动势

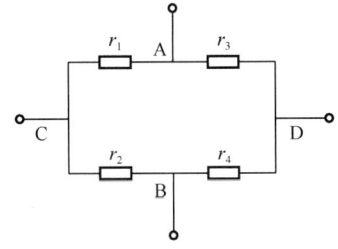

图 5-4 霍尔元件的等效电路

（三）集成霍尔传感器

随着微电子技术的发展，目前霍尔元件多已集成化，霍尔集成电路（又称霍尔 IC）有许多优点，如体积小、灵敏度高、输出幅度大、温漂小、对电源稳定性要求低等。

霍尔集成电路可分为线性型和开关型两大类。线性型霍尔集成电路将霍尔元件和恒流源、线性差动放大器等做在同一块芯片上，输出电压为伏特级，比直接使用霍尔元件方便得多，如图 5-5 所示，其输出特性曲线如图 5-6 所示。开关型霍尔集成电路将霍尔元件、稳压电路、放大器、施密特触发器、OC 门（集电极开路输出门）等做在同一块芯片上，当外加磁场强度超过规定的工作点时，OC 门重新变为高阻态，输出高电平，如图 5-7 所示，其输出特性曲线如图 5-8 所示。

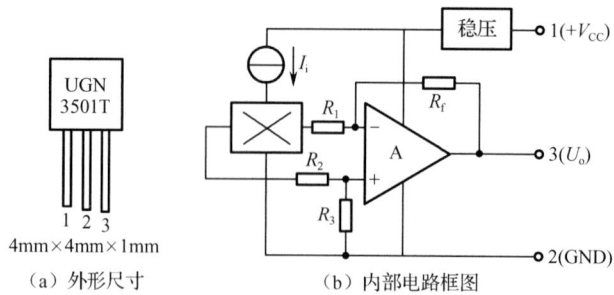

图 5-5 线性型霍尔集成电路

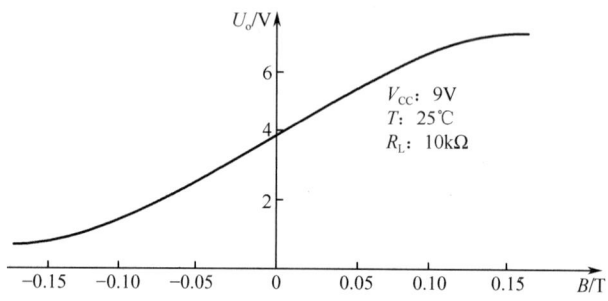

图 5-6 线性型霍尔集成电路的输出特性曲线

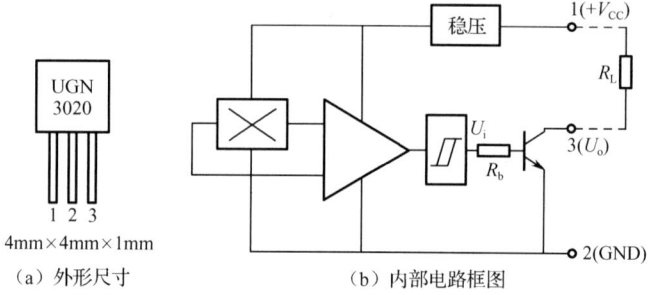

图 5-7 开关型霍尔集成电路

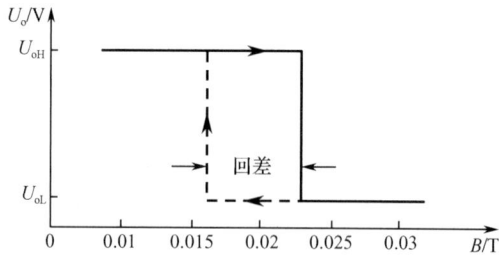

图 5-8 开关型霍尔集成电路的输出特性曲线

四、任务实施

1. 原理图

霍尔元件转速测量电路如图 5-9 所示。

项目 5 速度的测量

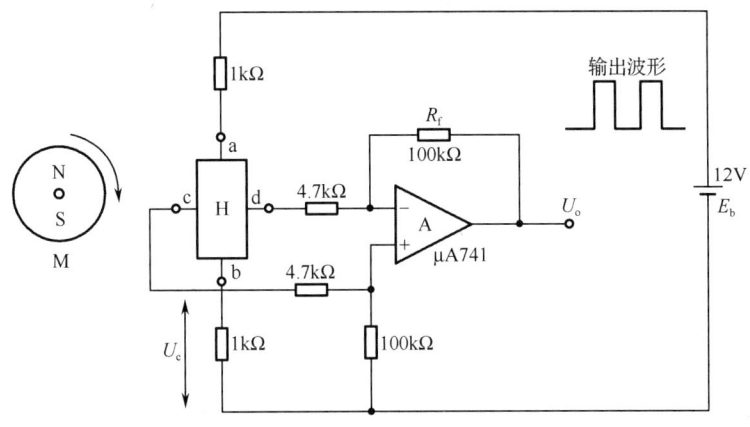

图 5-9 霍尔元件转速测量电路

2. 电路分析

在图 5-9 中,在磁转子 M 旋转的同时,霍尔元件 H 的磁极（N、S）产生变化,从而检测转子的转速。从霍尔元件的结构上来看,输出端包含共模电压 U_c,U_c 与霍尔电动势毫无关系,使用时必须除去此电压,一般采用差动输入的运算放大器。

3. 元件清单

霍尔元件转速测量电路元件清单如表 5-2 所示。

表 5-2 霍尔元件转速测量电路元件清单

序 号	元件代号	名 称	参 数
1	R	电阻	1kΩ
3	R	电阻	4.7kΩ
4	R	电阻	100kΩ
5	R_f	电阻	100kΩ
6	A	运算放大器	μA741
7	H	霍尔传感器	—

4. 项目制作

（1）准备。

元件：按元件清单备齐。

工具：电烙铁、烙铁架、焊锡丝、松香、剪刀、尖嘴钳、螺丝刀、镊子、万用表和直流稳压电源。

（2）元件测试。

用转速频率表测试转速的变化。

（3）焊接。

元件在焊接上要遵循"先低后高"的原则,先焊接小元件,后焊接大元件。

（4）检查。

焊接完成后先自查，再让老师检查。

（5）通电调试。

通电后改变转速，测量输出电压的变化。

（6）完成实训报告。

实训报告包括任务设计与制作的意义、检查电路设计、制作与调试、检测结果与分析。

五、任务评价

霍尔元件转速测量电路的制作评价如表5-3所示。

表5-3 霍尔元件转速测量电路的制作评价

序 号	名 称	分 值	考 核 点	得 分
1	资讯	10	霍尔元件的特性、检测方法，电路的工作原理、调试方法	
2	计划	20	列出元件、工具、耗材，制定安装流程与测试步骤	
3	实施	40	正确使用仪器仪表和工具，能识别、检测元件，能设计电路布局，焊接、调试电路	
4	报告	15	格式规范，项目分析、实施、过程记录情况，想法、建议	
5	素养	15	态度、工作记录、团队合作能力、5S管理原则	

六、任务拓展

（一）光电效应

当光照射某物体时，可以看作一连串能量为 E 的光子轰击在这个物体上，此时光子能量就传递给电子，电子得到光子传递的能量后，其状态就会发生变化，从而使受光照射的物体产生相应的电效应，这称为光电效应。通常把光照射到物体表面后产生的光电效应分为以下两类。

27 光电传感器的特性及参数

1. 外光电效应

在光照作用下，物体内的电子逸出物体表面而向外发射的现象称为外光电效应。基于该效应的光电器件有光电管、光电倍增管等。

2. 内光电效应

内光电效应分为光电导效应和光生伏特效应两类。光电导效应是指在光照作用下，物体电阻率发生改变的现象。基于该效应的光电器件有光敏电阻、光敏二极管、光敏三极管等。光生伏特效应是指在光照作用下，物体产生一定方向电动势的现象。基于该效应的光电器件有光电池等。

（二）光电器件

1. 光电管

28 光电管和光敏电阻

光电管由一个阴极和一个阳极构成，并密封在一只真空玻璃管内。光电管的结构及原理如图 5-10 所示。阳极通常用金属丝弯曲成矩形或圆形，置于玻璃管中央；阴极装在玻璃管内壁上并涂有光电发射材料。光电管的特性主要取决于光电管的阴极材料。

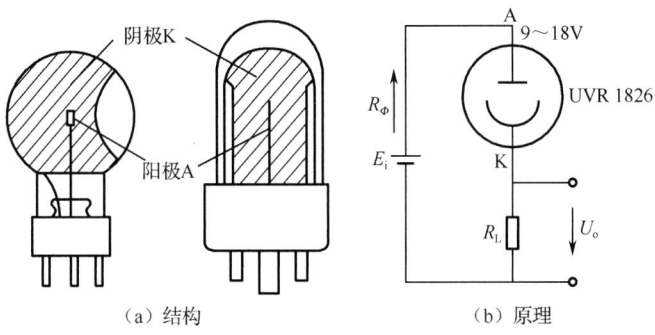

图 5-10 光电管的结构及原理

当光照射在阴极上时，阴极发射出光电子，光电子被具有一定电位的中央阳极吸引，在光电管内形成空间电子流。它在外电场的作用下形成电流，称为光电流。光电流的大小与光电子数成正比，而光电子数又与光照度成正比。

（1）伏安特性。

在一定的光照下，对光电管阴极所加的电压与阳极所产生的电流之间的关系称为光电管的伏安特性。真空光电管和充气光电管的伏安特性如图 5-11 所示，它们是光电传感器的主要参数依据。显然，充气光电管的灵敏度更高。

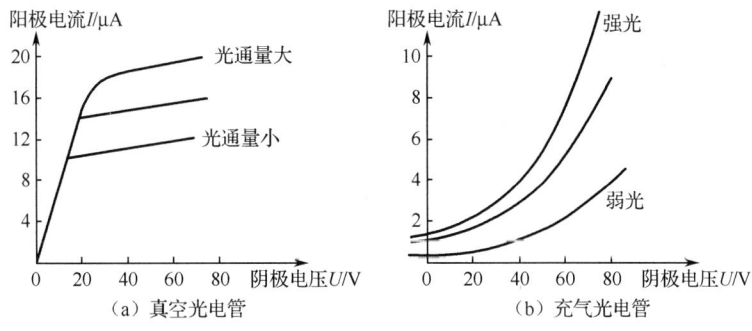

图 5-11 真空光电管和充气光电管的伏安特性

（2）光照特性。

当光电管的阴极与阳极之间所加电压一定时，光通量与光电流之间的关系称为光照特性，如图 5-12 所示。其中，曲线 1 是氧铯阴极光电管的光照特性，光电流与光通量成线性关系；曲线 2 是锑铯阴极光电管的光照特性，光电流与光通量成非线性关系。

（3）光谱特性。

光电管的光谱特性通常是指阳极与阴极之间所加电压不变时，入射光的波长与其相对灵敏度之间的关系，它主要取决于阴极材料。阴极材料不同的光电管适用于不同的光谱范围。另外，同一光电管对于不同频率的入射光，其灵敏度也不同。

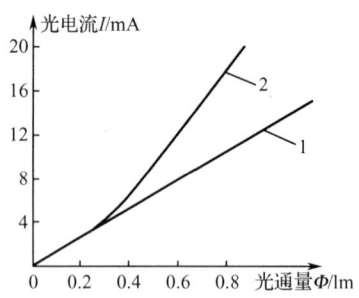

图 5-12 光电管的光照特性

2. 光敏电阻

光敏电阻是由具有内光电效应的光导材料制成的,为纯电阻器件。光敏电阻具有很高的灵敏度,光谱响应的范围宽、体积小、质量轻、性能稳定、机械强度高、寿命长、价格低,被广泛应用于自动检测系统。

光敏电阻的材料一般由金属的硫化物、硒化物、碲化物等半导体组成,由于所用材料和工艺不同,它们的光电性能也相差很大。

(1)光电流。

光敏电阻在室温或全暗条件下的阻值称为暗电阻(暗阻),通常超过 1MΩ,此时流过光敏电阻的电流称为暗电流。光敏电阻在光照作用下的阻值称为亮电阻(亮阻),一般在几千欧姆以下,此时流过光敏电阻的电流称为亮电流。亮电流和暗电流之差称为光电流。光电流越大,光敏电阻的灵敏度越高。但光敏电阻容易受到温度的影响,温度升高,暗电阻减小,暗电流增大,灵敏度下降。

(2)光照特性。

在一定外电压作用下,光敏电阻的光电流与光通量的关系称为光敏电阻的光照特性,如图 5-13 所示。光通量是光源在单位时间内发出的光亮总和,单位是流明(lm)。

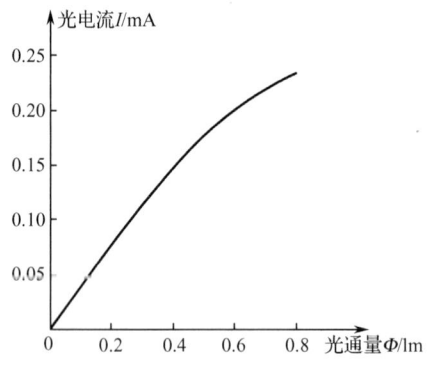

图 5-13 光敏电阻的光照特性

不同光敏电阻的光照特性是不同的,但在多数情况下,曲线是非线性的,所以光敏电阻不宜用作定量检测元件,而常在自动控制中用作光电开关。

(3)光电特性。

在光敏电阻两极电压固定不变时,光照度与电阻、电流之间的关系称为光电特性,如图 5-14 所示。光照度是光源照射在被照物体单位面积上的光通量，即 $E = \dfrac{\mathrm{d}\Phi}{\mathrm{d}A}$，单位是勒克斯（lx）。当光照度大于 100lx 时，光电特性的非线性就十分严重了。

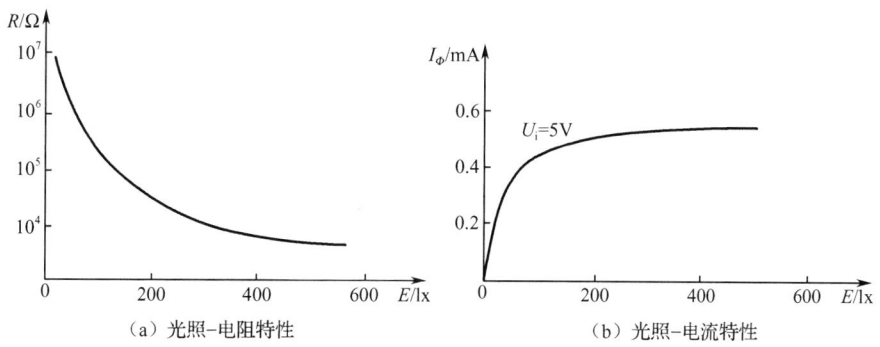

（a）光照-电阻特性　　　　　　　（b）光照-电流特性

图 5-14　光敏电阻的光电特性

（4）时延特性。

当光敏电阻受到光照时，光电流只有在经过一段时间后才能达到稳态值，而在停止光照后，光电流也会经过一段时间恢复暗电流，这是光敏电阻的时延特性。不同光敏电阻的时延特性不同，因此它们的频率特性也不同。由于光敏电阻的时延比较大，所以它不能用在要求快速响应的场合。

3. 光敏晶体管

（1）光敏二极管。

光敏二极管是基于内光电效应制成的光敏元件。光敏二极管的结构与一般二极管类似，其 PN 结装在透明管壳的顶部，可以直接感受到光照，如图 5-15 所示。光敏二极管在电路中一般处于反向工作状态，其符号与接线方法如图 5-16 所示。光敏二极管在没有光照时，反向电阻很大，暗电流很小；在有光照时，PN 结附近产生光生电子-空穴对，其在内电场作用下定向运动，形成光电流，且随着光照度的增强，光电流增大。所以，光敏二极管在没有光照时处于截止状态；在有光照时处于导通状态，主要用于光控开关电路和光电耦合器。

图 5-15　光敏二极管

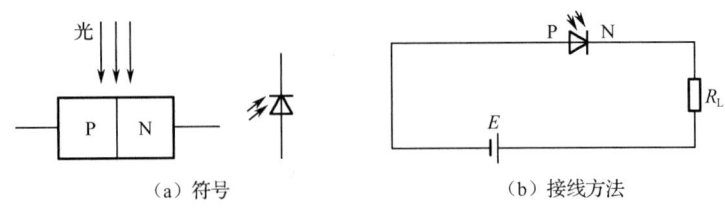

图 5-16　光敏二极管的符号与接线方法

（2）光敏三极管。

光敏三极管也是基于内光电效应制成的光敏元件。光敏三极管的结构与一般三极管不同，通常只有两个 PN 结和正、负（C、E）两个引脚。它的外形与光敏二极管相似，从外形上很难区分，如图 5-17 所示。

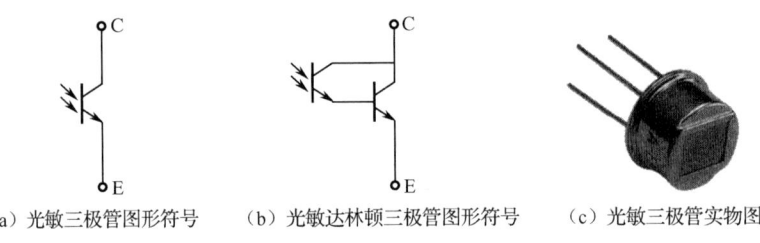

（a）光敏三极管图形符号　　（b）光敏达林顿三极管图形符号　　（c）光敏三极管实物图

图 5-17　光敏三极管

光线通过透明窗口落在基区及集电结上，使 PN 结产生光生电子-空穴对，其在内电场作用下做定向运动，形成光电流，因此 PN 结的反向电流增大。由于光线照射在发射结上产生的光电流相当于三极管的基极电流，集电极电流是光电流的 β 倍，因此光敏三极管比光敏二极管的灵敏度高得多，但光敏三极管的频率特性比光敏二极管差，暗电流也大。

① 光谱特性。

光敏三极管对于不同波长的入射光，其相对灵敏度 K_r 是不同的，如图 5-18 所示。由于锗管的暗电流比硅管大，所以一般锗管的性能比较差，在探测可见光或红热状态物体时，都采用硅管；而在探测红外光时，锗管比较合适。

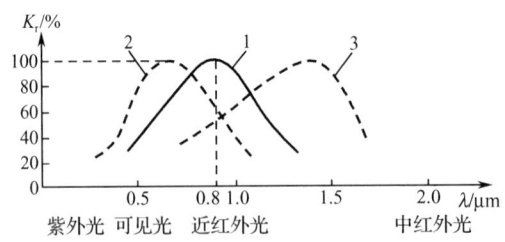

图 5-18　光敏三极管的光谱特性

② 伏安特性。

光敏三极管在不同光照度 E 下的伏安特性与一般三极管在不同的基极电流下输出的特性一样，只要将入射光在发射极与基极之间的 PN 结附近所产生的光电流看作基极电流，就可将光敏三极管看作一般三极管。

③ 光电特性。

图 5-19 所示为光敏晶体管的光电特性，其输出电流 I_Φ 与光照度 E 之间的关系可近似看作线性关系。显然，光敏三极管的灵敏度高于光敏二极管。

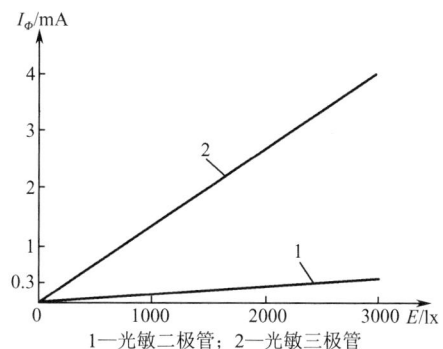

1—光敏二极管；2—光敏三极管

图 5-19　光敏晶体管的光电特性

④ 温度特性。

温度特性是指温度与暗电流及温度与输出电流之间的关系。图 5-20 所示为光敏三极管（锗管）的温度特性。温度变化对输出电流的影响较小，主要由光照度决定；而暗电流随温度变化较大，应用时应采取温度补偿措施。

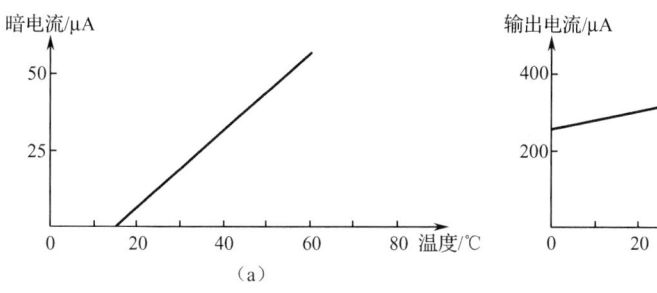
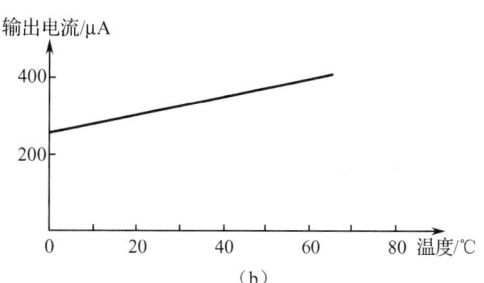

图 5-20　光敏三极管的温度特性

（3）光电池。

光电池能将入射光能量转换成电压或电流，属于光生伏特效应元件，是自发电式有源器件。光电池既可以作为输出电能的器件，又可以作为一种自发电式的光电传感器，用于检测光照的强弱及能引起光强变化的其他非电量。光电池的种类很多，其中应用最多的是硅光电池、硒光电池、砷化钾光电池和锗光电池等，具有性能稳定、频率特性好、光谱范围宽和耐高温辐射等优点。

30 光电池

在大面积的 N 型衬底上制造一 P 型薄层作为光照敏感面，就可构成最简单的光电池。

当光照在 PN 结上时，P 型区每吸收一个光子，就产生一对光生电子-空穴对，它的内电场使扩散到 PN 结附近的光生电子-空穴对分离，光生电子通过漂移运动被拉到 N 型区，空穴留在 P 型区，所以 N 型区带负电，P 型区带正电。如果光照是连续的，那么经过短暂的时间，PN 结两侧有一个稳定的光生电动势输出。

① 光谱特性。

光电池的相对灵敏度 K_r 与入射光波长 λ 之间的关系称为光谱特性，硒光电池和硅光电池的光谱特性如图 5-21 所示。由图 5-21 可知，不同光电池的光谱峰值不同，硅光电池在 0.45～1.1μm 范围内，而硒光电池在 0.34～0.57μm 范围内。在实际使用时，可根据光源性质选择光电池。但要注意，光电池的光谱峰值不仅与制造光电池的材料有关，还与使用温度有关。

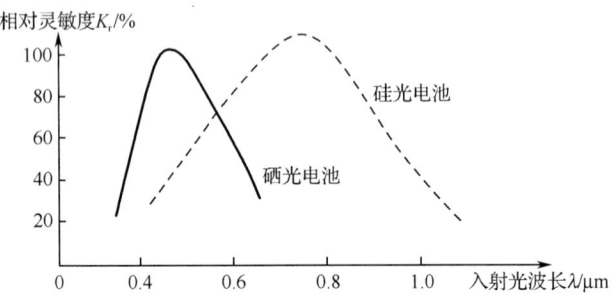

图 5-21 硒光电池和硅光电池的光谱特性

② 光电特性。

硅光电池的负载电阻不同，输出的电压与电流也不同。图 5-22 中的曲线 1 是某硅光电池负载电阻的开路电压曲线，曲线 2 是负载电阻的短路电流曲线。开路电压与光照度之间呈近似对数的非线性关系。由实验测得，负载电阻越小，光电池与光照度之间的线性关系越好。当负载短路时，光电流在很大程度上与光照度呈线性关系，因此，当测量与光照度成正比的其他非电量时，应把光电池作为电流源使用；当被测量是开关量时，可以把光电池作为电压源使用。

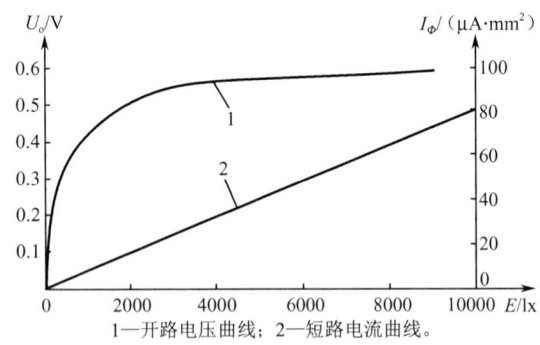

1—开路电压曲线；2—短路电流曲线。

图 5-22 硅光电池的光电特性

③ 光照特性。

光生电动势 U 与光照度 E 之间的特性曲线称为开路电压曲线；光电流密度 J_e 与光照度 E 之间的特性曲线称为短路电流曲线。图 5-23 所示为硅光电池的光照特性。由图 5-23 可知，短路电流在很大范围内与光照度呈线性关系，这是光电池的主要优点之一。开路电压与光照度之间的关系是非线性的，并且在光照度为 2000lx 的光照下趋近于饱和。因此，当将光电池作为敏感元件时，应该把它作为电流源使用，即利用短路电流与光照度成线性关系的特点。由实验可知，负载电阻越小，光电流与光照度之间的线性关系越好，线性范围越宽。对于不同的负载电阻，可以在不同的光照度范围内使光电流与光照度保持线性关系，所以当将光电池作为敏感元件时，所用负载电阻的大小应根据光照的具体情况而定。

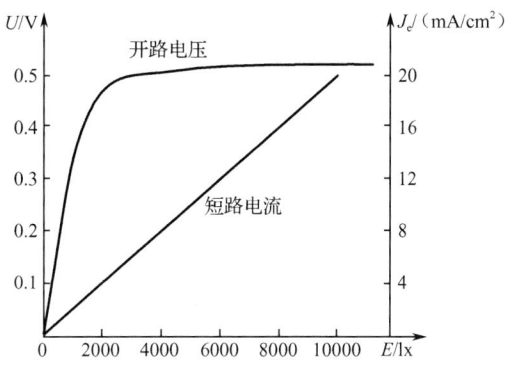

图 5-23　硅光电池的光照特性

④ 温度特性。

光电池的温度特性是描述光电池的开路电压 U、短路电流 I 随温度 t 变化的曲线，是光电池的主要特性，如图 5-24 所示。由图 5-24 可以看出，开路电压随温度升高而下降得较快，而短路电流随温度升高而增加得较缓慢。因此，若将光电池作为敏感元件，则在进行自动检测系统设计时，应考虑温度的漂移而需要采取相应的补偿措施。

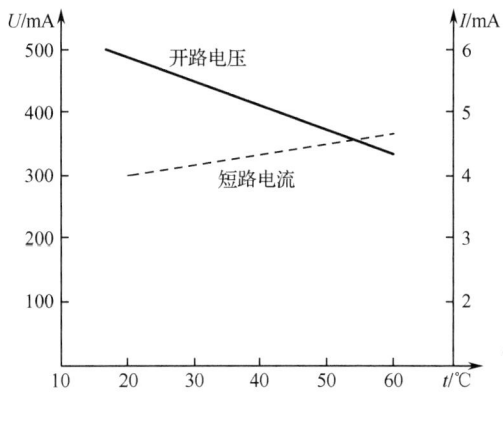

图 5-24　光电池的温度特性

（三）霍尔传感器的典型应用

霍尔电动势是关于 I、B、θ 三个变量的函数，即 $U_H = K_H IB\cos\theta$。利用这个关系可以使其中两个变量不变，只改变第三个变量；或者固定其中一个变量，改变其余两个变量。这使得霍尔传感器有许多用途。

1. 霍尔电流传感器

由霍尔元件构成的电流传感器具有非接触式测量、测量精度高、不必切断电路电流、测量的频率范围广（从零到几千赫兹）、本身几乎不消耗电路功率等特点。

根据安培定律，在载流导体周围将产生正比于该电流的磁场。用霍尔元件来测量这一磁场，可得到正比于该磁场的霍尔电动势。霍尔电流传感器如图 5-25 所示，通过测量霍尔电动势的大小可间接测量电流的大小。

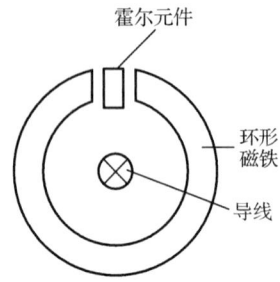

图 5-25　霍尔电流传感器

2. 霍尔位移传感器

保持霍尔元件的控制电流恒定，使霍尔元件在一个均匀的梯度磁场中沿 x 轴方向移动，构成霍尔位移传感器，其原理如图 5-26 所示。

图 5-26（a）所示为磁场强度相同的两块永久磁铁，同极性相对放置，霍尔元件位于两块磁铁中间。由于磁铁中间的磁感应强度 B 为零，因此霍尔元件输出的霍尔电动势 U_H 也等于零，此时位移 $\Delta x = 0$。若霍尔元件在两块磁铁中产生相对位移，则霍尔元件感受到的磁感应强度也随之变化，这时 U_H 不为零，其大小反映了霍尔元件与磁铁之间相对位置的变化量。

图 5-26（b）所示为一种结构简单的霍尔位移传感器，是由一块永久磁铁组成磁路的传感器。当 $\Delta x = 0$ 时，霍尔电动势不等于零。当霍尔元件沿 x 轴方向移动时，霍尔电动势发生变化，根据霍尔电动势的变化量可测得霍尔元件的位移。

图 5-26（c）所示为一个由两个结构相同的磁路组成的霍尔位移传感器，为了获得较好的线性分布，在磁极端面装有极靴，当霍尔元件调整好初始位置时，可以使霍尔电动势 $U_H = 0$。这种传感器的灵敏度很高，但它所能检测的位移很小，适用于微位移及振动的测量。

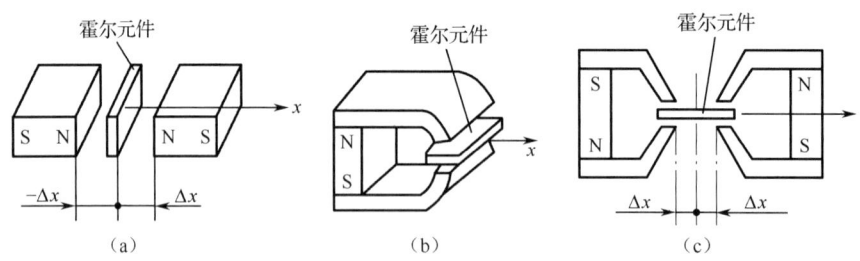

图 5-26　霍尔位移传感器的原理

3. 霍尔压力传感器

霍尔压力传感器把压力先转换成位移，再应用霍尔电动势与位移的关系测量压力。在图 5-27 中，作为压力敏感元件的弹簧片，其一端固定，另一端安装霍尔元件。当输入压力增大时，弹簧伸长，处于恒定梯度磁场中的霍尔元件产生相应的位移，从霍尔元件输出的电压的大小即可反映压力的大小。

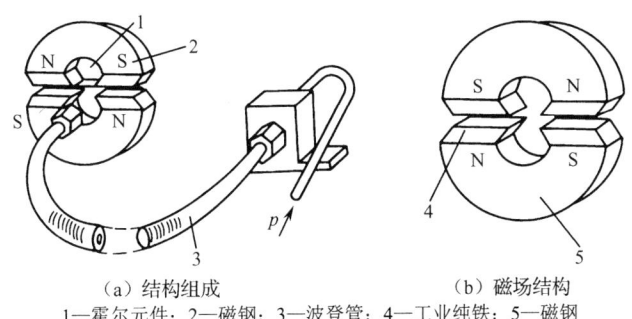

(a) 结构组成　　　　　　(b) 磁场结构
1—霍尔元件；2—磁钢；3—波登管；4—工业纯铁；5—磁钢

图 5-27　霍尔压力传感器的结构

(四) 光电传感器的典型应用

在转速测量过程中，传统的机械式转速表和接触式电子转速表均会影响试件的转速，且对转速的大小也有一定的限制，不能很好地满足自动化的要求。如何在不干扰试件转动的前提下实现高转速测量呢？

光电式转速表属于反射式光电传感器，它可以在距试件几十毫米外非接触地测量转速。由于光电传感器的动态特性较好，因此可以用于高转速测量而不干扰试件的转动。

图 5-28（a）所示为透光式，在被测转速轴上固定一带孔的调制盘，调制盘一侧由白炽灯产生恒定光，透过盘上的小孔到达由光敏二极管或光敏三极管组成的光电转换器上，并被转换成相应的电脉冲信号，该脉冲信号经过放大、整形电路输出整齐的脉冲信号，转速通过该脉冲频率测定。

图 5-28（b）所示为反射式，在被测转速轴上固定一个涂有黑白相间条纹的圆盘，这些条纹具有不同的反射信号，并可转换成电脉冲信号。

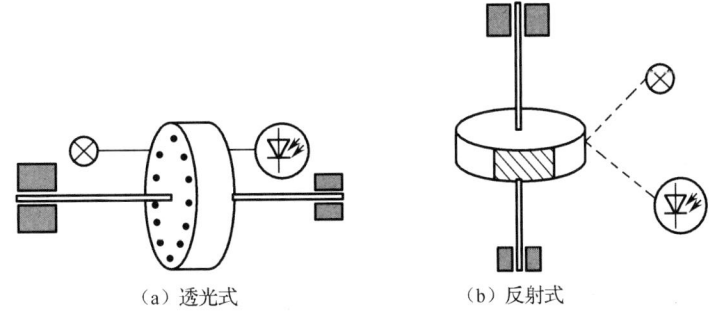

(a) 透光式　　　　　　(b) 反射式

图 5-28　光电式转速表的原理

光电脉冲转换电路如图 5-29 所示。BG_1 为光敏三极管，当光照射 BG_1 时，产生光电流，使 R_1 上的压降增大，导致 BG_2 导通，触发由 BG_3 和 BG_4 组成的射极耦合触发器，使 U_O 为高电位；反之，U_O 为低电位。脉冲信号 U_O 可送到计数电路进行计数。

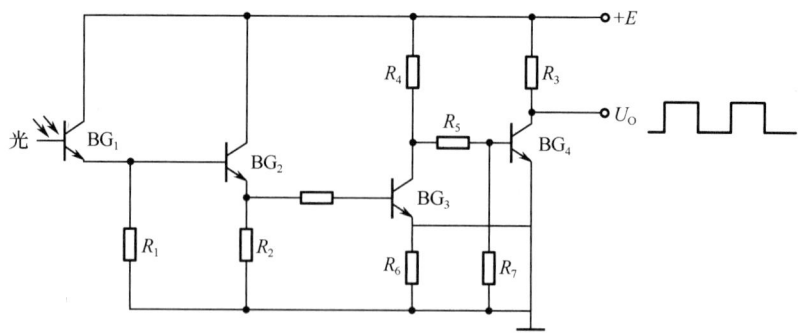

图 5-29 光电脉冲转换电路

【项目梳理思维导图】

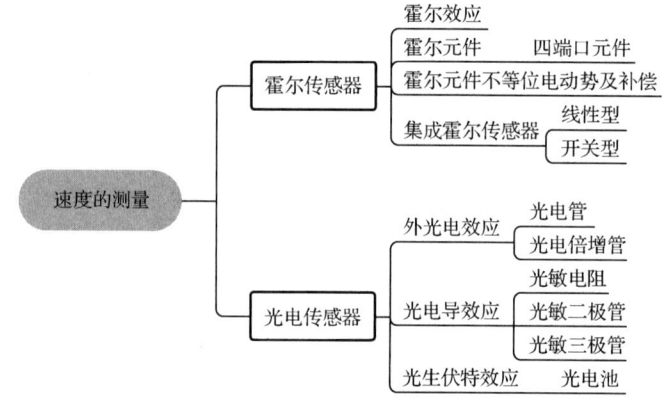

【项目实训】

霍尔转速传感器测速实验

一、实验目的

了解霍尔转速传感器的应用。

二、基本原理

利用霍尔效应表达式 $U_H = K_H IB$，当被测圆盘上装有 N 只磁钢时，圆盘每转一周，磁场就变化 N 次，霍尔电动势相应变化 N 次，输出电动势通过放大、整形和计数电路就可以测量转速。

三、实验器件

霍尔转速传感器、CGQ-05 转动源模块、可调电源 2～24V、频率/转速表。

四、实验步骤

1. 根据图 5-30，将霍尔转速传感器装于传感器支架上，探头对准反射面的磁钢。

项目5 速度的测量

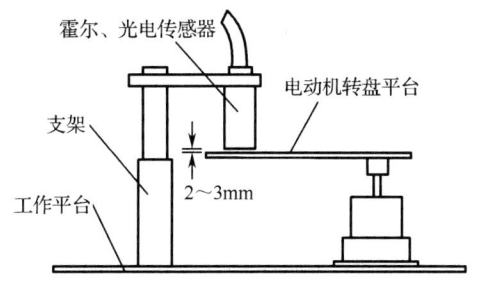

图 5-30 霍尔转速传感器安装示意图

2．将直流源加到霍尔元件的电源输入端。红表笔接+15V，黑表笔接地。
3．将霍尔转速传感器输出端（蓝）插入数显单元 F_{in} 端。
4．将可调电源 2～24V 引到 CGQ-05 转动源模块的 2～24V 插孔上。
5．将数显单元上的频率/转速表波段开关拨到转速挡，此时频率/转速表指示转速。
6．调节电压，使转速变化，观察频率/转速表转速显示的变化。
实验完毕，关闭主控箱电源。

五、思考题

1．当利用霍尔元件测量转速时，在测量上是否有限制？
2．本实验装置上用了 12 只磁钢，能否用 1 只磁钢？
3．如何测量转速？

光电转速传感器测速实验

一、实验目的

了解光电转速传感器测速的原理及方法。

二、基本原理

光电转速传感器有反射型和直射型两种，本实验装置采用反射型，传感器端部装有发光管和光电管，发光管发出的光源在转盘上反射后由光电管接收转换成电信号，由于转盘上有黑白相间的 12 个间隔，因此它转动时将获得与转速及黑白间隔数有关的脉冲，将电脉冲计数处理即可得到转速。

三、实验器件

光电转速传感器、+5V 直流电源、CGQ-05B 转动源模块、可调电源 2～24V、频率/转速表。

四、实验步骤

1．光电转速传感器的安装如上述实验，在最左边支架上安装光电转速传感器，调节高度，使传感器端部离平台表面 2～3mm；将传感器引线分别插入相应的插孔，其中红色线接入+5V 直流电源，黑色线接地，蓝色线接入主控箱 F_{in} 端；频率/转速表置转速挡。
2．将可调电源 2～24V 接到 CGQ-05B 转动源模块的 24V 插孔上。

3．合上电源开关，使电动机转动并从频率/转速表上观察电动机转速。若显示转速不稳定，则可调节传感器的安装高度。

五、思考题

已进行的实验中用了多种传感器测量转速，试分析比较一下哪种方法最简单、方便。

【项目自测】

1．填空题

（1）在某导体（或半导体）两端通以控制电流 I，在垂直方向上施加磁感应强度为 B 的磁场，在另外两侧会产生一个与控制电流和磁场成比例的电动势，这种现象称为_____效应，这个电动势称为_____电动势。

（2）夹持在铁芯中的引线电流越大，根据右手定律，产生的磁感应强度 B 应该越_____，霍尔元件产生的霍尔电动势也就越_____。因此，该霍尔电流传感器的输出电压与引线电流成_____比。

（3）光电效应分为_____、_____、_____三类，其中，第一类发生在物体表面，故又称_____；后两类发生在物体内部，又称_____。

（4）光电管是一个装有光电_____和_____的真空玻璃管。

（5）光敏二极管是利用_____的结构光电器件。

（6）基于内光电效应的器件有_____。

2．选择题

（1）属于四端元件的是（　　）。

A．应变片　　　　　　B．压电晶片　　　　　C．霍尔元件　　　　　D．热敏电阻

（2）公式 $E_H = K_H IB\cos\theta$ 中的 θ 是指（　　）。

A．磁力线与霍尔片平面之间的夹角

B．磁力线与霍尔元件内部电流方向的夹角

C．磁力线与霍尔片垂线之间的夹角

D．磁力线与霍尔元件内部电流反方向的夹角

（3）霍尔元件采用恒流源激励是为了（　　）。

A．提高灵敏度　　B．克服零漂　　C．减小不等位电动势　D．以上全都是

（4）减小霍尔元件的输出不等位电动势的方法是（　　）。

A．减小激励电流　　　　　　　　　　B．减小磁感应强度

C．使用电桥调零电位器　　　　　　　D．以上全不是

（5）光电管属于（　　），光电池属于（　　）。

A．外光电效应　　B．内光电效应　　C．光生伏特效应　　D．以上全不是

（6）光敏电阻的特性是（　　）。

A．有光照时亮电阻很大　　　　　　B．无光照时暗电阻很小

C．无光照时暗电流很大　　　　　　D．受一定波长范围的光照时亮电流很大

（7）不基于物质的内光电效应的器件有（　　）。

A．光电管　　　　B．光电池　　　　C．光敏电阻　　　　D．光敏晶体管

（8）下面不是光敏电阻的优点的是（　　）。

A．体积小　　　　B．质量轻　　　　C．机械强度高　　　　D．耗散功率小

（9）光敏电阻的工作原理基于（　　）。

A．光生伏特效应　　　　　　　　B．光电导效应

C．二次电子释放效应　　　　　　D．外光电效应

3．问答题

（1）什么是霍尔效应？霍尔电动势与哪些因素有关？

（2）影响霍尔元件输出零点的因素有哪些？怎样补偿？

（3）温度变化对霍尔元件输出电动势有什么影响？如何补偿？

（4）什么叫光电效应？光电效应有哪几种？什么叫外光电效应、内光电效应、光电导效应、光生伏特效应？

（5）光敏三极管与一般三极管有何异同？

（6）简述光敏电阻的结构和原理。

4．计算题

（1）一霍尔传感器和带齿圆盘组成的转速测量装置，带齿圆盘随被测轴转动，传感器输出信号经放大、整形后的波形如图 5-31 所示。

① 假设带齿圆盘的齿数 $Z=15$，求被测轴的转速（单位为 r/min）。

② 是否可以选用不锈钢设计的带齿圆盘？说明原因。

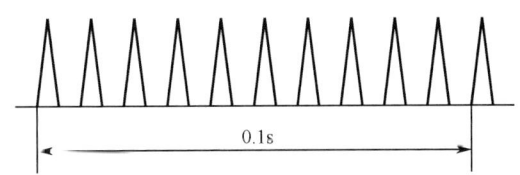

图 5-31　项目 5 自测 1 图

（2）霍尔元件 $l \times b \times d = 10 \times 2 \times 1$（单位为 mm），沿 l 方向通以电流 $I=2$mA，在垂直于 lb 方向上加有均匀磁场 $B=0.1$T，传感器的灵敏度 $K_H=20$V/（A·T）。试求其输出霍尔电动势及载流子浓度。（$e = 1.602 \times 10^{-19}$C）

（3）已知某霍尔传感器的激励电流 $I=3$A，磁场的磁感应强度 $B=5 \times 10^{-3}$T，导体的厚度 $d=2$mm，霍尔系数 $R_H=0.5$，试求导体产生的霍尔电动势 U_H。

项目 6　温度的测量

　　温度是基本物理量之一，是表征物体冷热程度的物理参数，是工农业生产和科学实验中需要经常测量与控制的主要参数，也是与人们日常生活紧密相关的一个重要物理量。温度是不能直接测量的，需要借助某种物体的某种物理参数随温度不同而明显变化的特性进行间接测量。温度传感器是实现温度测量和控制的重要器件。

　　本项目学习任务：用热电阻、热电偶、热敏电阻测量温度。

知识目标

1. 熟悉铂电阻测温电路。
2. 了解温度测量的基本知识。
3. 掌握热电阻测温的原理。
4. 掌握热电偶测温的原理。

技能目标

1. 能正确选择温度传感器。
2. 能识读温度传感器的电路图。
3. 能完成电路的焊接和调试。
4. 能检测和排除温度传感器电路的故障。

素质目标

1. 培育修己慎独的中华民族传统美德。
2. 培育一丝不苟的科学精神。
3. 培养精益求精的工匠精神。

项目6 温度的测量

一、任务描述

温度是生产和生活中的重要物理量，天气预报的气温、人体的体温等都与我们的生活息息相关，因此温度的测量也变得更加重要。

二、任务分析

温度的测量方法有很多，金属热电阻是中低温区最常用的一种温度的测量方法。它的主要特点是测量精度高、性能稳定。其中，铂电阻的测量精度是最高的，它不仅广泛应用于工业领域，还被制成标准的基准仪。

三、知识引入

（一）温度与温标

1. 温度

31 温度与温标

温度的概念以热平衡为基础，是表征物体冷热程度的物理量。如果两个相接触的物体的温度不同，那么它们之间就会产生热交换，热量将从温度高的物体向温度低的物体传递，直到两个物体达到相同的温度。

2. 温标

为了进行温度的测量，需要建立温度标尺，即温标。温标规定了温度读数的起点（零点）及温度的单位。国际上规定的温标有摄氏温标、华氏温标、热力学温标、国际实用温标。

（1）摄氏温标。

摄氏温标把在标准大气压下冰的熔点定为0℃，把水的沸点定为100℃，在这两个温度点之间划分100等份，每份都为1℃。摄氏温标所定义的温度为摄氏温度，符号为t，单位为℃（摄氏度）。

（2）华氏温标。

华氏温标规定在标准大气压下，冰的熔点为32F，水的沸点为212F，在这两个温度点之间划分180等份，每份都为1F。华氏温标所定义的温度为华氏温度，符号为θ。华氏温度与摄氏温度的关系式为

$$\theta = (1.8t + 32) \tag{6-1}$$

例如，20℃时的华氏温度$\theta = (1.8 \times 20 + 32)\text{F} = 68\text{F}$。

（3）热力学温标。

在国际单位制（SI制）中，以热力学温标为基本温标。它所定义的温度为热力学温度T，单位为K（开尔文）。热力学温标以水的三相点，即水的固、液、气三态平衡共存时的温度为基本定点，并规定其温度为273.15K。热力学温度与摄氏温度的关系式为

$$\begin{aligned} t &= T - 273.15 \\ T &= t + 273.15 \end{aligned} \tag{6-2}$$

例如，100℃时的热力学温度$T = (100 + 273.15)\text{K} = 373.15\text{K}$。

热力学温标是纯理论的，人们无法得到开氏零度，不能直接根据它的定义来测量物体

的热力学温度。因此，需要建立一种实用的温标作为测量温度的标准，即国际实用温标。

（4）国际实用温标。

国际实用温标是一个国际协议性温标，与热力学温标基本吻合。它不仅定义了一系列温度的固定点，还规定了不同温度段的标准测量仪器，因此复现精度高（全世界用相同的方法进行测量，可以得到相同的温度），使用方便。

国际计量委员会自1990年开始贯彻实施国际实用温标ITS-90，我国自1994年1月1日起全面实施国际实用温标ITS-90。

（二）热电阻传感器

利用金属或半导体的电阻随温度变化而变化的特性来测量温度的感温元件叫作热电阻，它可分为金属热电阻和半导体热电阻两类。前者仍称为热电阻，而后者的灵敏度比前者高十几倍以上，又称热敏电阻。热电阻广泛用来测量-200～850℃范围内的温度，少数情况下，低温可测量至1～5K的超低温领域，同时在1000～1200℃范围内也有足够好的特性。

32 常用热电阻

1. 热电阻

大多数金属导体的电阻都有随温度变化而变化的特性，其特性方程为

$$R_t = R_0[1 + \alpha(t - t_0)] \tag{6-3}$$

式中，R_t、R_0——热电阻分别在温度为t℃和0℃时的阻值；

α——热电阻的电阻温度系数。

对于绝大多数金属导体，α并不是一个常数，而是一个温度函数。但是在一定的温度范围内，α可近似看作一个常数。不同的金属导体，α保持常数所对应的温度范围不同。

选做感温元件的材料应满足如下要求。

① 材料的电阻温度系数α要大。α越大，热电阻的灵敏度越高；纯金属的α比合金的α大，所以一般采用纯金属做热电阻。

② 在温度范围内，材料的物理、化学性质应稳定。

③ 在温度范围内，α保持常数，便于实现温度表的线性刻度特性。

④ 具有比较大的电阻率，以便于减小热电阻的体积，减小热惯性。

⑤ 特性复现性好，容易复制。

比较适合以上要求的材料有铂和铜。

（1）铂电阻。

在国际实用温标中，铂电阻在-200～850℃温度范围内的物理、化学性质非常稳定，是目前制造热电阻的最好材料。铂电阻除用于一般工业测温外，主要作为标准电阻温度计，广泛地应用于温度的基准、标准的传递。它的长时间稳定的复现性可达10^{-4}K。

铂电阻的测温精度与铂的纯度有关，通常用R_{100}/R_0表示铂的纯度，R_{100}和R_0分别表示100℃和0℃下的阻值。R_{100}/R_0越大，表示铂的纯度越高，测温精度也越高。

铂的阻值与温度之间的关系，即特性方程如下。

当温度t满足-200℃<t<0℃时，有

$$R_t = R_0[1 + At + Bt^2 + C(t-100)t^3] \tag{6-4}$$

项目 6 温度的测量

当温度 t 满足 $0℃<t<650℃$ 时，有

$$R_t = R_0(1 + At + Bt^2) \quad (6\text{-}5)$$

在式（6-4）和式（6-5）中，R_t、R_0 为温度分别为 $t℃$ 和 $0℃$ 时的阻值；A、B、C 为常数，对于 $R_{100}/R_0=1.391$，$A=3.96847×10^{-3}/℃$，$B=-5.847×10^{-7}/℃^2$，$C=-4.22×10^{-12}/℃^4$。

国内标准化的工业用标准铂电阻，其 $R_{100}/R_0>1.391$，分为 50Ω 和 100Ω 两种，分度号分别为 Pt50 和 Pt100，其分度表（给出阻值和温度的关系）可查阅相关资料。在实际测量中，只要测得铂电阻的阻值，即可从分度表中查出对应的温度。

（2）铜电阻。

由于铂是贵重金属，因此，在一些对测量精度要求不高且温度较低的场合，普遍采用铜电阻进行温度的测量，测量范围一般为-50～150℃。在此温度范围内，它的线性关系好，灵敏度比铂电阻高，容易提纯、加工，价格便宜，复现性能好。但是铜易于氧化，一般只用于 150℃ 以下的低温测量和没有水分及无侵蚀性介质的温度测量。与铂相比，铜的电阻率低，所以铜电阻的体积较大。铜电阻的阻值与温度之间的关系为

$$R_t = R_0(1 + \alpha t) \quad (6\text{-}6)$$

式中，α ——铜的温度系数，$\alpha=(4.25～4.28)×10^{-3}/℃$。由上式可知，铜电阻的阻值与温度之间的关系是线性的。

国内工业上使用的标准化铜电阻有 50Ω 和 100Ω 两种，分度号分别为 Cu50 和 Cu100，相应的分度表可查阅相关资料。

33 热电阻的结构与接线

2. 热电阻的结构

热电阻的结构比较简单，一般将电阻丝绕在云母、石英、陶瓷、塑料等绝缘骨架上，经过固定，外面再加上保护套管，如图 6-1 所示。

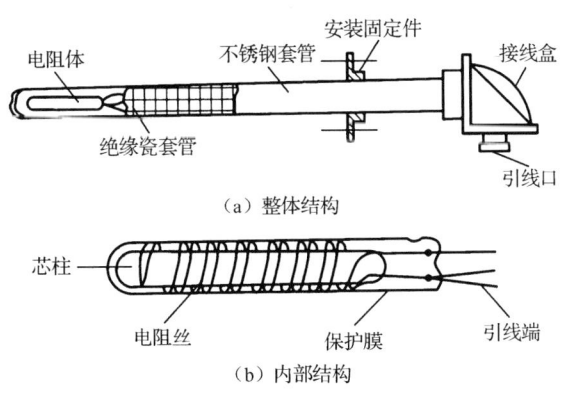

图 6-1 热电阻的结构

3. 热电阻的测量转换电路

热电阻的测量转换电路最常用的是电桥电路，热电阻的端子接线方式有二线制、三线制和四线制三种，如图 6-2 所示。由于热电阻的阻值较小，引线阻值受温度影响也会产生变化，给测量结果带来误差。为了消除引线阻值的影响，一般采用三线或四线电桥连接法。二线制中的引线阻值对测量影响较大，适用于对测量精度要求不高的场合；三线制可以减

小热电阻与测量仪表之间引线阻值因环境温度变化而引起的测量误差,广泛用于工业测量;四线制可以完全消除引线阻值对测量结果的影响,适用于高精度温度测量。

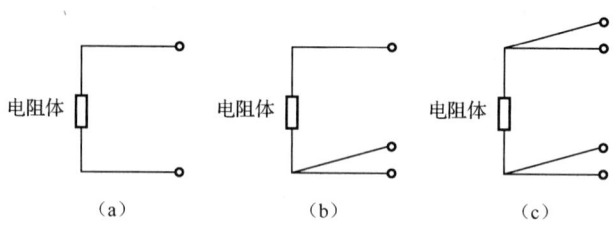

图 6-2　热电阻的端子接线方式

（1）三线电桥连接法。

三线电桥连接法的原理如图 6-3 所示。G 为检流计，R_1、R_2、R_3 为固定电阻，R_a 为调零电位器。热电阻 R_t 通过阻值为 r_1、r_2、r_3 的三根导线和电桥连接，r_1 和 r_2 分别接在相邻的两臂内，当温度变化时，只要它们的长度和电阻温度系数相同，其阻值变化就不会影响电桥的状态。电桥在零位调整时，使 $R_4=R_a+R_{t0}$，R_{t0} 为热电阻在参考温度（如 0℃）时的阻值。r_3 不在桥臂上，对电桥平衡状态无影响，但电桥的零点不稳定。

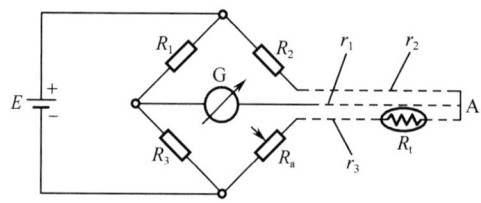

图 6-3　三线电桥连接法的原理

（2）四线电桥连接法。

四线电桥连接法的原理如图 6-4 所示，调零电位器 R_a 的接触电阻和检流计串联，这样，接触电阻的不稳定不会破坏电桥平衡和正常工作状态。

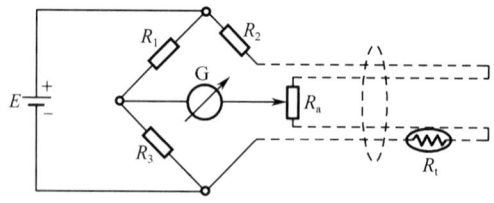

图 6-4　四线电桥连接法的原理

四、任务实施

1. 原理图

铂电阻测温电路的原理图如图 6-5 所示。

项目6 温度的测量

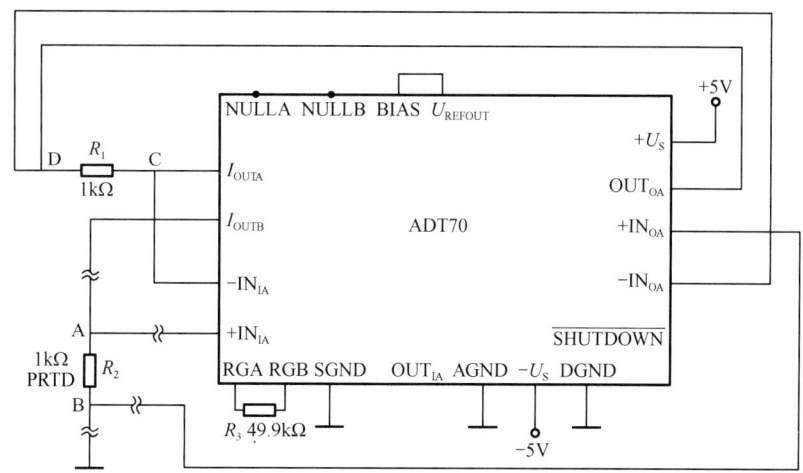

图 6-5 铂电阻测温电路的原理图

2. 电路分析

本项目采用基于集成电路 ADT70 的铂电阻信号调节电路。在图 6-5 中，SGND、AGND 和 DGND 端均接地。+5V 电源供电，2.5V 基准电压。采用四线电桥连接法，可以消除铂电阻引线的测量误差。

1kΩ 的精密电阻 R_1 和 Pt1000 铂电阻 R_2 的电压差作为仪表放大器的输入电压。

R_3 是仪表放大器的增益电阻，一般为 49.9kΩ，也可适当调整该电阻，以调整增益，可获得与被测温度成正比的输出电压 U_o。该传感器的信号处理电路实现了将与温度有关的电阻变化信号转换成统一的电压信号。

3. 元件清单

铂电阻测温电路的元件清单如表 6-1 所示。

表 6-1 铂电阻测温电路的元件清单

序 号	元件代号	名 称	型 号
1	ADT70	集成电路模块	—
2	R_2	铂电阻	Pt1000
3	R_1	电阻	1kΩ
4	R_3	电阻	49.9kΩ

4. 项目制作

（1）准备。

元件：按元件清单备齐。

工具：电烙铁、烙铁架、焊锡丝、松香、剪刀、尖嘴钳、螺丝刀、镊子、万用表和直流稳压电源。

（2）元件测试。

Pt1000 铂电阻的特性是 0℃时阻值为 1kΩ，可用万用表对其好坏进行初步测试。

（3）焊接。

元件在焊接上要遵循"先低后高"的原则，先焊接小元件，后焊接大元件。

（4）检查。

焊接完成后先自查，再让老师检查。

（5）通电调试。

通电后用万用表检测输出电压，适当调节 R_3。对 Pt1000 加热，可测得输出电压和温度之间的线性关系。

（6）完成实训报告。

实训报告包括任务设计与制作的意义、检查电路设计、制作与调试、检测结果与分析。

五、任务评价

铂电阻测温电路的制作评价如表 6-2 所示。

表 6-2　铂电阻测温电路的制作评价

序号	名称	分值	考核点	得分
1	资讯	10	铂电阻的特性、检测方法，电路的工作原理、调试方法	
2	计划	20	列出元件、工具、耗材，制定安装流程与测试步骤	
3	实施	40	正确使用仪器仪表和工具，能识别、检测元件，能设计电路布局，焊接、调试电路	
4	报告	15	格式规范，项目分析、实施、过程记录情况，想法、建议	
5	素养	15	态度、工作记录、团队合作能力、5S 管理原则	

六、任务拓展

34 热电效应

（一）热电偶的工作原理

1. 热电效应

1821 年，德国物理学家赛贝克用两种不同金属组成闭合回路，并用酒精灯加热其中一个接触点（称为结点），发现放在回路中的指南针发生偏转，如果用两盏酒精灯对两个结点同时加热，则指南针的偏转角反而减小。显然，指南针偏转说明回路中有电动势产生并有电流在回路中流动，电流的强弱与两个结点的温差有关。

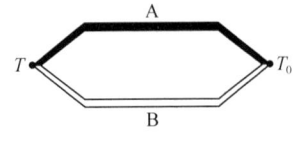

图 6-6　热电偶的结构

两种不同材料的导体 A 和 B 组成一个闭合回路时，若两个结点的温度 T 与 T_0（$T>T_0$）不同，则在该回路中会产生电动势，这种现象称为热电效应（塞贝克效应），该电动势称为热电动势。两种导体称为热电极，所组成的回路称为热电偶，热电偶的两个工作端分别称为热端和冷端。热电偶的结构如图 6-6 所示。

2. 热电动势的组成

热电偶产生的热电动势由接触电动势和温差电动势两部分组成。

（1）接触电动势。

当电子密度不同（设 $N_A > N_B$）的两种导体 A、B 接触时，在接触面上将发生电子的扩散现象，由于从 A 扩散到 B 的电子数要比从 B 扩散到 A 的电子数多，于是 A、B 接触面上形成了一个由 A 到 B 的静电场。该静电场一方面阻碍了 A 的电子的扩散运动，另一方面对 B 的电子的扩散运动起促进作用，最终达到动态平衡。这时，A、B 接触面所形成的电位差称为接触电动势，其大小分别用 $E_{AB}(T)$、$E_{AB}(T_0)$ 表示。

接触电动势的大小与结点的温度和导体的电子密度有关。结点温度越高，接触电动势越大；两种导体的电子密度的比值越大，接触电动势越大。

接触电动势的表达式为

$$E_{AB}(T) = \frac{kT}{e} \ln \frac{N_A(T)}{N_B(T)} \tag{6-7}$$

式中，$E_{AB}(T)$——导体 A、B 结点在温度为 T 时形成的接触电动势；
e——单位电荷，$e = 1.6 \times 10^{-19} \text{C}$；
k——玻尔兹曼常数，$k = 1.38 \times 10^{-23} \text{J/K}$；
$N_A(T)$、$N_B(T)$——导体 A、B 在温度为 T 时的电子密度。

（2）温差电动势。

将导体 A 或 B 的两端分别置于不同的温度 T、T_0（$T > T_0$）下，由于导体热端的电子具有较大的动能，从热端扩散到冷端的电子数比从冷端扩散到热端的电子数多，因此在导体两端便产生一个由热端指向冷端的静电场。与接触电动势的形成原理相同，在导体两端产生了温差电动势，分别用 $E_A(T,T_0)$、$E_B(T,T_0)$ 表示。

温差电动势的大小与导体的电子密度及两端的温度有关。导体的电子密度越大，温差电动势越大；导体两端的温度相差越大，温差电动势也越大。

温差电动势的表达式为

$$E_A(T,T_0) = \int_{T_0}^{T} \sigma_A dT \tag{6-8}$$

式中，$E_A(T,T_0)$——导体 A 两端的温度分别为 T、T_0 时形成的温差电动势；
T、T_0——冷端和热端的绝对温度；
σ_A——汤姆逊系数，表示导体 A 两端的温差为 1℃时所产生的温差电动势，如在 0℃时，铜的 $\sigma = 2\mu V/℃$。

（3）回路总电动势。

由导体 A、B 组成的闭合回路，其结点温度分别为 T、T_0，如果 $T > T_0$，则必存在两个接触电动势和两个温差电动势，回路总电动势为

$$\begin{aligned} E_{AB}(T,T_0) &= E_{AB}(T) - E_{AB}(T_0) - E_A(T,T_0) + E_B(T,T_0) \\ &= \frac{kT}{e} \ln \frac{N_A(T)}{N_B(T)} - \frac{kT}{e} \ln \frac{N_A(T_0)}{N_B(T_0)} + \int_{T_0}^{T} (-\sigma_A + \sigma_B) dT \end{aligned} \tag{6-9}$$

式中，$N_A(T)$——导体 A 在结点温度为 T 时的电子密度；
$N_A(T_0)$——导体 A 在结点温度为 T_0 时的电子密度；
$N_B(T)$——导体 B 在结点温度为 T 时的电子密度；
$N_B(T_0)$——导体 B 在结点温度为 T_0 时的电子密度；

σ_A——导体 A 的汤姆逊系数；
σ_B——导体 B 的汤姆逊系数。

在实际工作中，温差电动势比接触电动势小得多，因此只考虑接触电动势，即

$$E_{AB}(T,T_0) = E_{AB}(T) - E_{AB}(T_0) \quad (6\text{-}10)$$

保持 T_0 不变，热电动势就成为热端温度 T 的单值函数，即

$$\begin{aligned}E_{AB}(T,T_0) &= E_{AB}(T) - E_{AB}(T_0) \\ &= f(T) - C = \Phi(T)\end{aligned} \quad (6\text{-}11)$$

热电偶的热电动势与温度的对应关系可以用热电动势-温度曲线表示。由于多数热电偶的输出是非线性的，所以通常使用热电偶分度表进行查询。

可见，当冷端温度 T_0 恒定时，热电偶产生的热电动势只与热端温度 T 有关，即只要测得热电动势，便可确定热端温度 T。由此得到有关热电偶的几个结论。

① 热电偶的热电动势只与组成热电偶的材料及两端的温度有关，与热电偶的长度、粗细无关。

② 只有用不同材料的导体（或半导体）才能组成热电偶；相同材料不会产生热电动势，因为当导体 A、B 是同一种材料时，有

$$\ln(N_A/N_B) = 0$$

即

$$E_{AB}(T,T_0) = 0$$

③ 只有当热电偶两端的温度、导体材料不同时，才能产生热电动势。

④ 导体材料确定后，热电动势的大小只与热电偶两端的温度有关。如果使

$$E_{AB}(T_0) = 常数$$

则热电动势 $E_{AB}(T,T_0)$ 就只与热端温度 T 有关，而且是 T 的单值函数，这就是利用热电偶测温的原理。

对于由几种不同材料串联组成的闭合回路，结点温度分别为 $T_1, T_2, \cdots, T_n$，冷端温度为 0℃ 的热电动势，其热电动势为

$$E = E_{AB}(T_1) + E_{BC}(T_2) + \cdots + E_{NA}(T_n) \quad (6\text{-}12)$$

（二）热电偶的基本定律

1. 均质导体定律

由一种均质导体组成的闭合回路，不论其导体是否存在温度梯度，回路中都没有电流（不产生电动势）；反之，如果有电流，则此材料一定是非均质的，即热电偶必须采用两种不同材料作为电极。

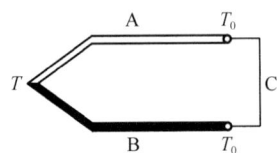

图 6-7 三种材料组成的闭合回路

2. 中间导体定律

一个由几种不同导体材料连接成的闭合回路，只要导体彼此连接的结点温度相同，此回路各结点产生的热电动势的代数和就为零，如图 6-7 所示。对于由 A、B、C 三种材料组成的闭合回路，有

$$E_总 = E_{AB}(T) + E_{BC}(T) + E_{CA}(T) = 0 \quad (6\text{-}13)$$

3. 中间温度定律

如果两种不同导体材料组成闭合回路，其结点温度分别为 T_1、T_2（见图6-8），则其热电动势为 $E_{AB}(T_1, T_2)$；当结点温度分别为 T_2、T_3 时，其热电动势为 $E_{AB}(T_2, T_3)$；当结点温度分别为 T_1、T_3 时，其热电动势为 $E_{AB}(T_1, T_3)$，则

$$E_{AB}(T_1,T_3) = E_{AB}(T_1,T_2) + E_{AB}(T_2,T_3) \tag{6-14}$$

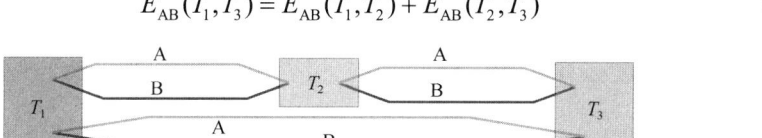

图6-8 两种导体材料组成闭合回路

当冷端温度不是0℃时，热电偶使用分度表提供了依据。当 $T_2 = 0℃$ 时，有

$$\begin{aligned} E_{AB}(T_1,T_3) &= E_{AB}(T_1, 0) + E_{AB}(0,T_3) \\ &= E_{AB}(T_1,0) - E_{AB}(T_3,0) \\ &= E_{AB}(T_1) - E_{AB}(T_3) \end{aligned} \tag{6-15}$$

（三）热电偶的材料和种类

1. 热电偶的材料

理论上讲，任何两种不同材料的导体都可以组成热电偶，但为了准确可靠地测量温度，对组成热电偶的材料必须经过严格的选择。工程上用于组成热电偶的材料应满足以下条件。

（1）测量范围广。要求在规定的温度范围内具有较高的测量精度、较大的热电动势，温度与热电动势之间的关系是单值函数。

（2）性能稳定。要求在规定的温度范围内使用时，其热电性能稳定，有较好的均匀性和复现性。

（3）化学性能好。要求在规定的温度范围内使用时，其有良好的化学稳定性、抗氧化或抗还原性能，不产生蒸发现象。

满足上述条件的材料很难找到。一般来说，纯金属的热电极容易复制，但其热电动势小，约为20μV/℃；非金属的热电极的热电动势较大，可达1000μV/℃，且熔点高，但复现性和稳定性都较差；合金的热电极的热电性能和工艺性介于前面二者之间，所以合金的热电极用得较多。目前，在国际上被公认为有代表性的或比较普遍采用的热电偶并不多，这些热电偶的材料都经过大量实验并被分别应用在各温度范围内，测量效果良好。

2. 热电偶的种类

标准化热电偶是指制造工艺比较成熟、应用广泛、能成批生产、性能优良且稳定，并已列入工业标准化文件的热电偶。由于工业标准化文件对同一型号的标准化热电偶规定了统一的材料及其化学成分、热电性质和允许偏差，所以同一型号的标准化热电偶的互换性好，具有统一的分度表，并有与其配套的显示仪表可供选用。

国际电工委员会（IEC）向世界各国推荐了8种标准化热电偶，如表6-3所示，写在前面的热电极为正，写在后面的热电极为负。

表6-3 8种标准化热电偶

名　　称	分 度 号	代　号	温度范围/℃	100℃时的热电动势/mV	特　　点
铂铑$_{30}$-铂铑$_6$	B（LL-2）	WRR	50～1280	0.033	熔点高，测温上限高，性能稳定，精度高，100℃以下热电动势极小，可不必考虑冷端补偿；价格昂贵，热电动势小；只限于高温测量
铂铑$_{13}$-铂	R（PR）	—	-50～1768	0.647	使用上较高，精度高，性能稳定，复现性好；但热电动势较小，不能在金属和还原性气体中使用，在高温下使用特性会逐渐变坏，价格昂贵；多用于精密测量
铂铑$_{10}$-铂	S（LB-3）	WRP	-50～1768	0.646	同上，性能不如R型热电偶，长期以来作为国际实用温标的法定标准化热电偶
镍铬-镍硅	K（EU-2）	WRN	-270～1370	4.095	热电动势大，线性好，稳定性好，价格低廉；但材质较硬，在1000℃以上长期使用会引起热电动势漂移；多用于工业测量
镍铬硅-镍硅	N	—	-270～1370	2.744	新型热电偶，各项性能都优于K型热电偶，适用于工业测量
镍铬-铜镍（康铜）	E（EA-2）	WRK	-270～800	6.319	热电动势比K型热电偶大50%左右，线性好，耐高温，价格低廉；但不能用于还原性气体中；多用于工业测量
铁-铜镍（康铜）	J（JC）	—	-210～760	5.269	价格低廉，在还原性气体中较稳定；但纯铁易被腐蚀和氧化；多用于工业测量
铜-铜镍（康铜）	T（CK）	WRC	-270～400	4.279	价格低廉，加工性能好，离散性小，性能稳定，线性好，精度高；铜在高温时易被氧化，测温上限低；多用于低温测量，可作为-200～0℃温度范围内的计量标准

（四）常用热电偶的结构类型

1. 工业用热电偶

图6-9所示为典型工业用热电偶的结构。它由热电极、绝缘套管、保护套管及接线盒等部分组成。在实验室使用时，也可不装保护套管，以减小热惯性。

36 热电偶的种类与结构

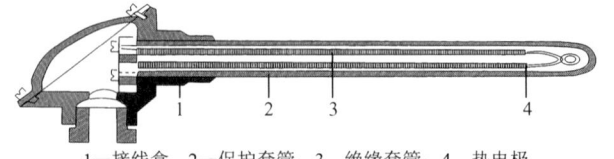

1—接线盒；2—保护套管；3—绝缘套管；4—热电极

图6-9 典型工业用热电偶的结构

2. 铠装式热电偶

铠装式热电偶（又称套管式热电偶）的断面结构如图6-10所示。它是由热电极、绝缘材料、金属套管三者拉细组合成一体的。由于铠装式热电偶的热端形状不同，所以可将其分为四种形式，如图 6-10 所示。它的优点是小型化（直径为 0.25～12mm）、寿命长、热惯性小、使用方便。

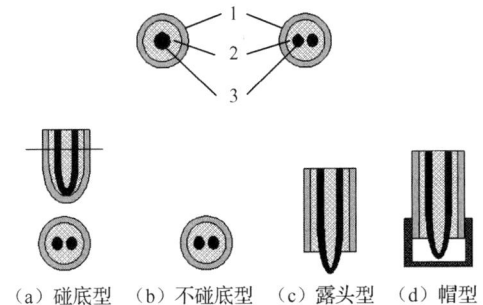

(a) 碰底型　(b) 不碰底型　(c) 露头型　(d) 帽型
1—金属套管；2—绝缘材料；3—热电极

图 6-10　铠装式热电偶的断面结构

3. 快速反应薄膜热电偶

用真空蒸镀等方法使两种热电极材料蒸镀到绝缘板上，形成快速反应薄膜热电偶，其结构如图 6-11 所示，其热接点极薄（0.01～0.1μm），因此，特别适用于对壁面温度的快速测量。安装时，用黏结剂将它黏结在试件的壁面上。目前我国试制的快速反应薄膜热电偶有铁-镍、铁-康铜和铜-康铜三种，尺寸为 60mm×6mm×0.2mm；绝缘基板采用云母、陶瓷片、玻璃及酚醛塑料纸等；温度范围在 300℃ 以下；反应时间仅为几毫秒。

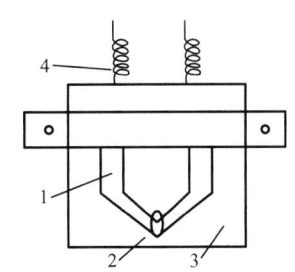

1—热电极；2—热接点；3—绝缘基板；4—引线

图 6-11　快速反应薄膜热电偶的结构

4. 快速消耗微型热电偶

快速消耗微型热电偶的结构如图 6-12 所示，它是一种测量钢水温度的热电偶。它是用直径为 0.05～0.1mm 的铂铑$_{10}$ 铂铑$_{30}$ 热电偶装在 U 形石英管中，铸以高温绝热泥，外面用保护钢帽组成的。

快速消耗微型热电偶使用一次就焚化，优点是热惯性小，只要注意它的动态标定，测量精度就可达±(5～7)℃。

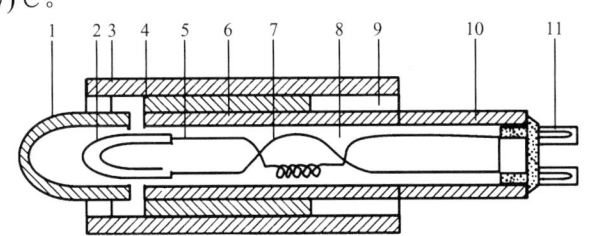

1—钢帽；2—石英；3—纸环；4—绝热泥；5—冷端；6—棉花；
7—绝缘纸管；8—补偿导线；9—套管；10—塑料插座；11—簧片与引线

图 6-12　快速消耗微型热电偶的结构

（五）热电偶的冷端补偿

37 热电偶的冷端补偿

热电偶测温将温度变化转换成热电动势的变化，热电动势的大小是热端和冷端温度的函数差,为保证输出热电动势是被测温度的单值函数,必须使冷端温度保持恒定;热电偶分度表给出的热电动势以冷端温度 0℃为依据,否则会产生误差。因此,对热电偶冷端进行补偿非常有必要。处理及补偿的方法包括补偿导线法、冰点槽法、计算修正法、零点迁移法、电桥补偿法、软件处理法。

1. 补偿导线法

热电偶由于受到材料价格的限制,一般做得比较短(除铠装式热电偶外),冷端距测温物体很近,使冷端温度较高且波动较大,这时就需要采用补偿导线法将冷端延伸至远离测温物体而温度恒定的场所(如控制室或仪表室)。

补偿导线由两种不同性质的廉价金属材料制成,在 0～150℃温度范围内与配接的热电偶具有相同的热电特性。补偿导线起到延伸热电极的作用,达到了移动热电偶冷端位置的目的。补偿导线在测温电路中的连接如图 6-13 所示。

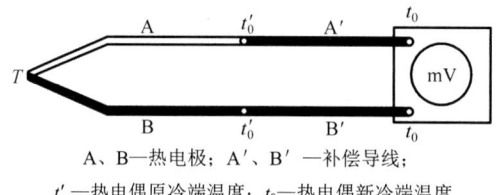

A、B—热电极;A′、B′—补偿导线;
t_0'—热电偶原冷端温度;t_0—热电偶新冷端温度

图 6-13 补偿导线在测温电路中的连接

补偿导线的型号由两个字母组成。第一个字母与配用热电偶的型号相对应,第二个字母表述补偿导线的类型。补偿导线分为延伸型(X)和补偿型(C)两种。延伸型补偿导线选用的金属材料与热电极材料相同;补偿型补偿导线选用的金属材料与热电极材料不同。表 6-4 列出了常用的热电偶补偿导线。

表 6-4 常用的热电偶补偿导线

型 号	配用热电偶	材 料		绝缘层着色	
		正 极	负 极	正 极	负 极
SC	S	铜	铜镍合金	红色	绿色
KC	K	铜	铜镍合金	红色	蓝色
KX	K	镍铬合金	镍硅合金	红色	黑色
EX	E	镍硅合金	铜镍合金	红色	棕色
JX	J	铁	铜镍合金	红色	紫色
TX	T	铜	铜镍合金	红色	白色

小常识:

补偿导线使用时注意的问题。

补偿导线只能与相应型号的热电偶配合使用;补偿导线有正、负之分,使用时极性不可接错,否则不仅起不到补偿的作用,还会造成更大的测量误差。理论证明,由于补偿导线极性接反造成的误差约为不使用补偿导线时的两倍。

热电偶和补偿导线结点的温度不得超过规定的使用温度。因超过规定的温度范围，补偿导线与热电偶的热电特性相差较大，会造成测量误差；由于补偿导线与热电偶的热电特性并不完全相同，所以要求连接处的两个结点温度相同，否则将引入测量误差。

为了便于安装，可选用多股补偿导线，也可根据需要选用防水、防腐、防火、带屏蔽层的补偿导线。

2. 冰点槽法

把热电偶的参考端置于冰水混合物容器里，使 $T_0=0℃$，这种办法仅限于科学实验中使用。为了避免冰水导电引起两个结点短路，必须把结点分别置于两个玻璃试管里，浸入同一冰点槽，使其相互绝缘，如图6-14所示。

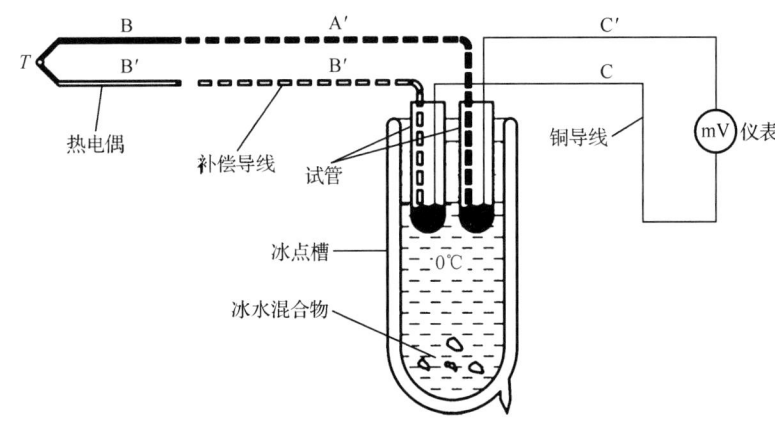

图6-14 冰点槽法

3. 计算修正法

用普通室温计算出参考端的实际温度 T_H，利用公式计算：

$$E_{AB}(T,T_0) = E_{AB}(T,T_H) + E_{AB}(T_H,T_0) \tag{6-16}$$

4. 零点迁移法

应用领域：冷端不是0℃但十分稳定的领域（如恒温车间或有空调的场所）。

实质：在测量结果中人为地加一个恒定值，因为冷端温度稳定不变，电动势 $E_{AB}(T_H,0)$ 是常数，利用温度显示仪表上调整零点的办法，加大某个适当的值而实现补偿。在未工作之前，预先将有零位调整器的温度显示仪表的指针从刻度的初始值（机械零位）调至已知的冷端温度上即可。

调整仪表的机械零位就相当于预先给仪表输入电动势 $E_{AB}(T_0,0)$，测量过程中热电偶产生热电动势 $E_{AB}(T,T_0)$，这时显示仪表接收的总电动势为 $E_{AB}(T,0) = E_{AB}(T,T_0) + E_{AB}(T_0,0)$，所以仪表读数即被测温度。

5. 电桥补偿法

电桥补偿法如图6-15所示，利用不平衡电桥产生热电动势补偿热电偶因冷端温度变化而引起热电动势变化的变化量。不平衡电桥由 R_1、R_2、R_3（锰铜丝绕制）、R_{Cu}（铜丝绕制）四个桥臂和电源组成。设计时，在0℃下使电桥平衡（$R_1 = R_2 = R_3 = R_{Cu}$），此时 $U_{ab} = 0$，电桥对仪表读数无影响。

$$T_0 \uparrow \rightarrow U_a \uparrow \rightarrow U_{ab} \uparrow \rightarrow E_{AB}(T,T_0) \downarrow \tag{6-17}$$

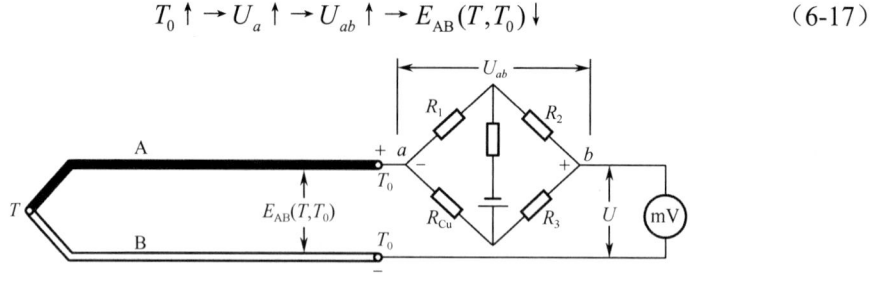

图 6-15 电桥补偿法

6. 软件处理法

对于计算机系统，不必全靠硬件进行热电偶冷端处理。例如，对于冷端温度恒定但不为 0℃的情况，只需在采样后加一个与冷端温度对应的常数；对于冷端温度经常波动的情况，可利用热敏电阻或其他传感器把冷端温度信号输入计算机，按照运算公式设计一些程序，便能自动修正。后一种情况必须考虑输入的采样通道中除了热电动势还应该有冷端温度信号，若多个热电偶的冷端温度不相同，则要分别进行采样，若占用的通道太多，则利用补偿导线把所有的冷端接到同一温度处，只用一个冷端温度传感器和一个修正冷端温度的输入通道。冷端集中，对于提高多点巡检的速度也很有利。

（六）热敏电阻

热敏电阻利用半导体的阻值随温度显著变化的特性制成，由金属氧化物和化合物按不同的配方比例烧结而成。

38 热敏电阻

热敏电阻的优点如下。

（1）热敏电阻的温度系数比金属大（4～9 倍）。

（2）电阻率大，体积小，热惯性小，适用于测量点温、表面温度及快速变化的温度。

（3）结构简单、机械性能好。

缺点：线性度、复现性和互换性较差。

热敏电阻按其基本性能可分为三种类型：负温度系数型（NTC）、正温度系数型（PTC）和临界温度型（CTR），其特性如图 6-16 所示。正温度系数热敏电阻的变化趋势与温度的变化趋势相同。

当温度上升时，负温度系数热敏电阻的阻值反而下降。负温度系数热敏电阻常用于测量温度；正温度系数和临界温度热敏电阻在一定温度范围内，阻值随温度急剧变化，可用于检测特定温度。临界温度型又称突变型，当温度上升到某临界点时，其阻值突然下降，可用于在各种电子电路中抑制浪涌电流。

负温度系数热敏电阻的阻值与温度之间的负指数关系如图 6-16 中的曲线 2 所示，关系式为

$$R_T = R_0 \mathrm{e}^{-B\left(\frac{1}{T}-\frac{1}{T_0}\right)} \tag{6-18}$$

式中，R_T——负温度系数热敏电阻在热力学温度为 T 时的阻值；

R_0——负温度系数热敏电阻在热力学温度为 T_0 时的阻值，T_0 设定为 298K（25℃）；

B——负温度系数热敏电阻的温度系数。

热敏电阻常做成棒状、珠状、圆片状等,如图 6-17 和图 6-18 所示。棒状热敏电阻的保护管外径为 1.5~2mm,长度为 5~7mm;珠状热敏电阻的外径为 1~3mm;圆片状热敏电阻的直径为 3~10mm,厚度为 1~3mm。热敏电阻常用于测量-100~300℃之间的温度。

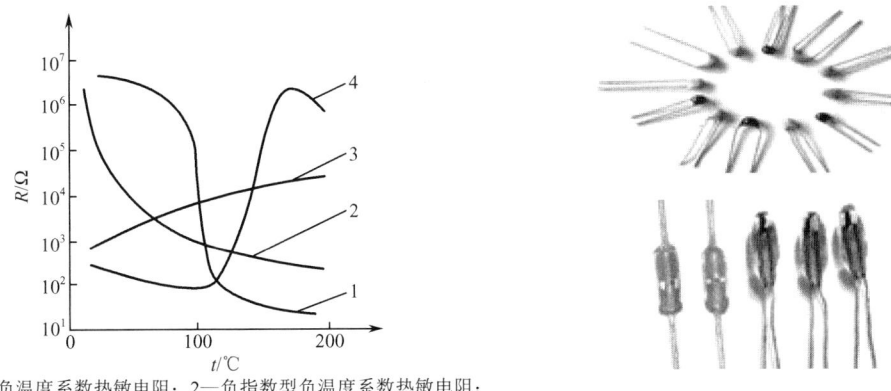

1—突变型负温度系数热敏电阻;2—负指数型负温度系数热敏电阻;
3—线性型正温度系数热敏电阻;4—突变型正温度系数热敏电阻

图 6-16　热敏电阻的特性　　　　　图 6-17　热敏电阻的实物图

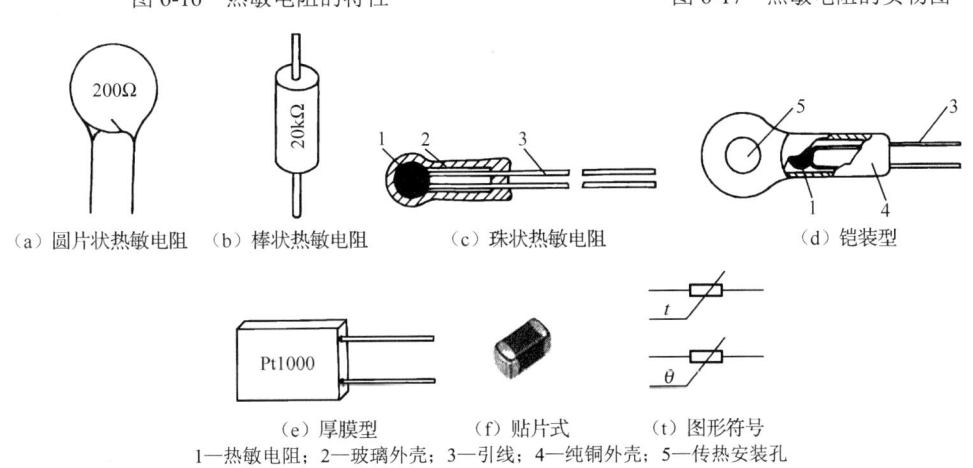

1—热敏电阻;2—玻璃外壳;3—引线;4—纯铜外壳;5—传热安装孔

图 6-18　热敏电阻的外形、结构及符号

热敏电阻在工业上的用途主要有以下几方面。

(1) 热敏电阻测温:作为测温使用的热敏电阻一般结构较简单,价格较低廉。没有保护管的热敏电阻只能应用在干燥的地方。密封的热敏电阻不怕湿气的侵蚀,可以应用在较恶劣的环境下。由于热敏电阻的阻值较大,故其引线阻值和接触电阻可以忽略,因此,热敏电阻可以在长达几千米的远距离测温中应用。测量电路多采用电桥电路。

(2) 热敏电阻用于温度补偿:热敏电阻可在一定的温度范围内对某些元件进行温度补偿。例如,动圈式表头中的动圈由铜线绕制而成。温度升高,电阻增大,引起测量误差。可在动圈回路中串入由负温度系数热敏电阻组成的电阻网络,从而抵消由于温度变化产生的测量误差。在三极管电路、对数放大器中也常用热敏电阻补偿电路,补偿由于温度引起的漂移误差。

（3）热敏电阻用于温度控制：将临界温度热敏电阻埋设在试件中，并与继电器串联，给电路加上恒定电压。当周围介质温度升到某一定值时，电路中的电流可以由零点几毫安突变为几十毫安，继电器动作，从而实现温度控制或过热保护。

热敏电阻在家用电器中的应用也十分广泛，如空调与干燥剂、热水取暖器、电烘箱箱体温度检测等。

小常识：

热电偶和热电阻的区别如下。

（1）原理与特点不同：热电偶的测温原理基于热电效应；热电阻的测温原理基于导体阻值随温度变化而变化的特性。

（2）信号性质不同：热电偶产生热电动势的变化；热电阻产生电阻的变化。

（3）温度范围不一样：热电偶是中高温；热电阻通常是中低温。

（4）材料不同：热电偶是合金材料；热电阻是金属材料。

（5）工作中的现场判断不同：热电偶有正负极，补偿导线也有正负极；热电阻用万用表判断短路和断路。

（七）热电偶传感器的典型应用

热电偶炉温测量转换电路如图 6-19 所示，采用 LM35D 对热电偶的基准点进行温度补偿。模拟调试时的温度范围为 0～500℃，所以此电路的作用是把温度转换成相应的 0～5V 电压。除放大电路以外，还有传感器断线检测电路与基准点补偿电路，而线性处理功能由计算机进行。热电偶的输出信号极小，温度每变化 1℃，传感器输出约 40μV 电压变化量。因此，运算放大器要采用高灵敏度的运算放大器，这里采用 ADJ707J。

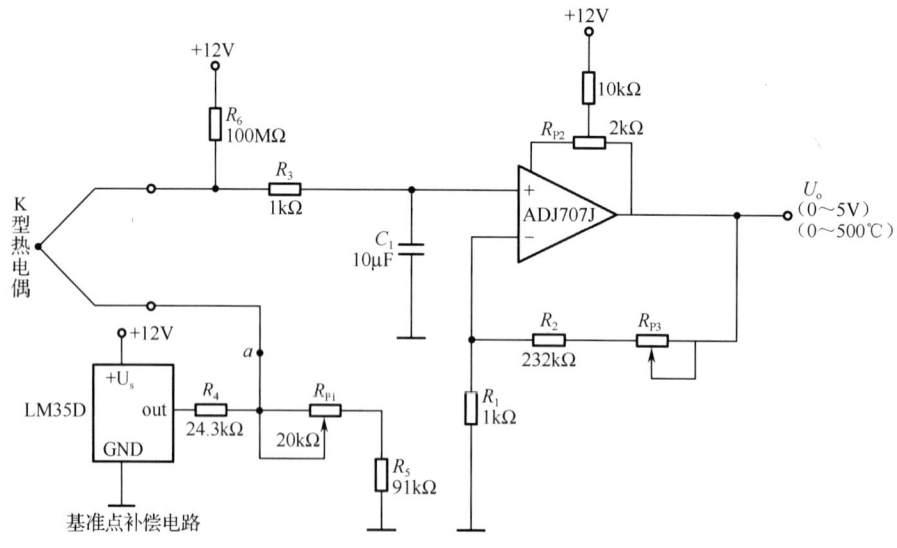

图 6-19 热电偶炉温测量转换电路

（八）热敏电阻式传感器的典型应用

汽车空调温度控制电路如图 6-20 所示，电路中 R_1、R_2、R_3、R_t 和温度设定电位器 R_P

项目 6 温度的测量

构成温度检测电桥。当该车温度高于 R_p 设定的温度时，R_t 较小，A 点电位低于 B 点电位，A_2 输出高电位到 A_1 的同相输入端，致使 A_1 的反相输入端电位低于同相输入端电位，输出高电平，晶体管 VT 饱和导通，继电器 KA 吸合，动合触点 KA_1 闭合，汽车离合器上电工作，带动压缩机运转制冷。随着被控温度逐渐降低，R_t 增大，A 点电位逐渐升高，当被控温度达到或低于 R_p 设定的温度时，A 点电位高于 B 点电位，A_2 输出低电平，A_1 也输出低电平，VT 截止，继电器 KA_1 断开，汽车离合器失电，压缩机停止工作。循环以上过程，确保汽车内温度控制在 R_p 设定的温度附近。

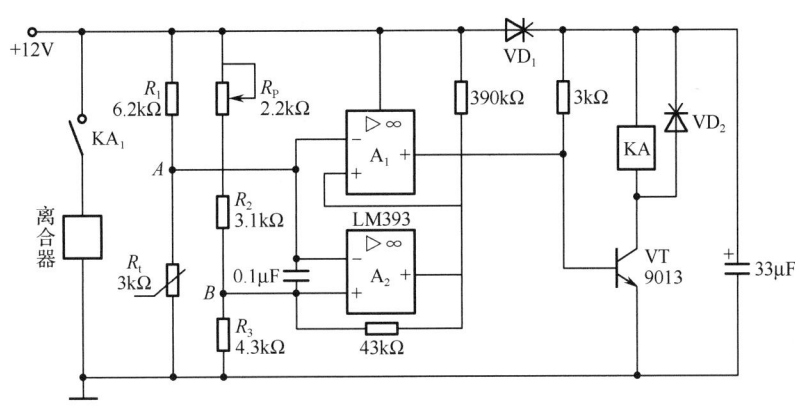

图 6-20 汽车空调温度控制电路

 【项目梳理思维导图】

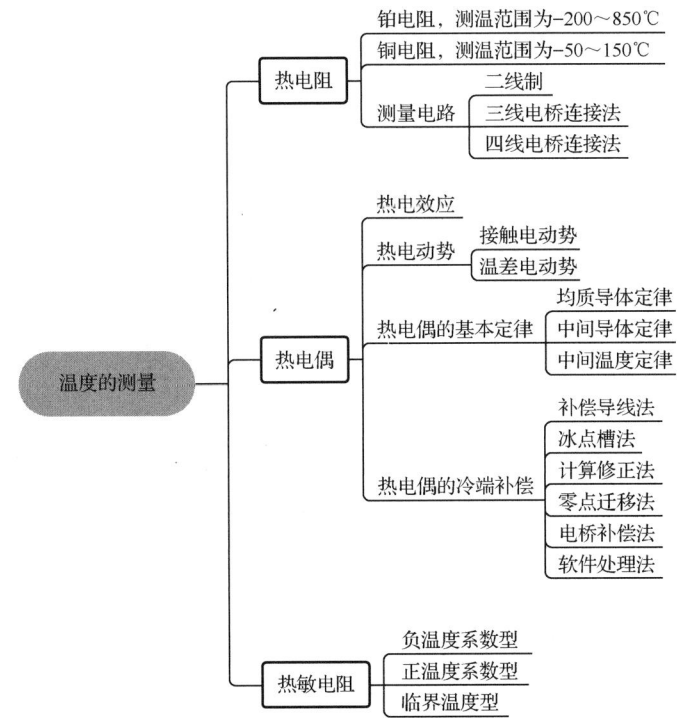

【项目实训】

Cu50 温度传感器测温特性实验

一、实验目的

了解 Cu50 温度传感器的特性与应用。

二、基本原理

在一些对测量精度要求不高且温度较低的场合，一般采用铜电阻，可用来测量-50～+150℃的温度。铜电阻有以下优点。

1. 在上述温度范围内，铜的阻值与温度呈线性关系，即

$$R_t = R_0(1+\alpha t)$$

2. 电阻温度系数高，$\alpha = 4.25 \sim 4.28 \times 10^{-3}/℃$。
3. 易提纯，价格低廉。

三、实验器件

CGQ-04 温度源模块、CGQ-009 温度传感器实验模块、K/E 型热电偶、Cu50 热电阻、直流源、电压表。

四、实验步骤

1. 首先根据温控仪表型号，仔细阅读"温控仪表操作说明"，学会基本参数设定。
2. 将 CGQ-04 温度源模块上的 220V 加热输入接线柱与主控箱面板温度控制系统中的加热输出接线柱连接。
3. 将 CGQ-04 温度源模块中的"风机电源"经过温控仪表上的 ALM1 和主控箱面板上的"0～+24V"电源输出连接（此时电源旋钮打到最大值位置），闭合温度源开关。
4. 将热电偶插入 CGQ-04 温度源模块的一个传感器安置孔。将 K 型（对应温控仪表中参数 Sn 为 0 或 E 型 Sn 为 4）热电偶自由端引线插入主控箱面板上的传感器插孔，红线为正极。
5. 将 Cu50 热电阻加热端插入温度源模块的另一个插孔，红线为正极，插入实验模块的 a 端，如图 6-21 所示，黑线插入 b 端，a 端接+2V 电源，b 端与差动运算放大器的 V_{i1} 端相接，电桥的另一端和差动放大器的另一端 V_{i2} 相接。
6. 打开主控箱及 CGQ-04 温度源模块电源开关，设定温度控制值为 40℃，当温度控制在 40℃时开始记录电压表读数，重新设定温度为 40℃+$n\Delta t$，建议 Δt=5℃，n=1～10，每隔 1n 读出数显表输出电压与温度。记下数显表读数，填入表 6-5。

表 6-5 数显表读数 1

$T/℃$										
V/mV										

实验完毕，关闭主控箱电源。

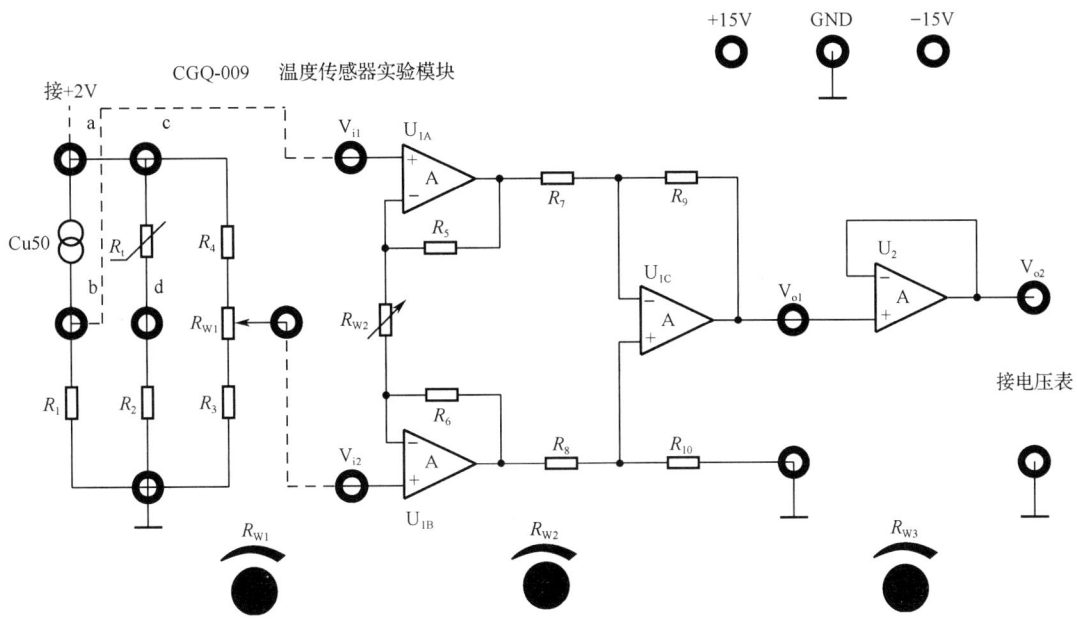

图 6-21 Cu50 热电阻测温特性实验

五、思考题

在一定的电流模式下,PN 结的正向电压与温度之间具有较好的线性关系,因此就有温敏二极管,你若有兴趣可以利用开关二极管或其他温敏二极管在 40~100℃之间,绘制温度特性曲线,与集成温度传感器相同区间的温度特性曲线进行比较,从线性上看,温度传感器的线性优于温敏二极管,请阐述理由。

Pt100 温度传感器测温特性实验

一、实验目的

了解 Pt100 温度传感器的特性与应用。

二、基本原理

利用导体阻值随温度变化的特性。热电阻用于测量时,要求其材料的电阻温度系数大,稳定性好,电阻率高,电阻与温度之间最好有线性关系。常采用铂电阻和铜电阻,铂电阻在 0~630.74℃以内,阻值 R_t 与温度 t 的关系式为

$$R_t = R_0(1+At+Bt^2)$$

式中,R_0——温度为 0℃时铂电阻的阻值。本实验中的 R_0=100℃,A=3.90802×10^{-3}℃$^{-1}$,B=-5.080195×10^{-7} ℃$^{-2}$,铂电阻现采用三线电桥连接法,其中一端接两根引线主要是为了消除引线阻值对测量的影响。

三、实验器件

CGQ-04 温度源模块、CGQ-009 温度传感器实验模块、K/E 型热电偶、Pt100 铂电阻、直流源、电压表。

四、实验步骤

1. 加±15V 电源，调节 R_{w2} 在某一位置，将 V_{i1} 和 V_{i2} 短接并接地，调节 R_{w3} 使 V_{o2} 输出电压为零。

2. 将 Pt100 铂电阻的三根引线引入 R_t 输入的 c、d 端上；用万用表欧姆挡测出 Pt100 三根引线中短接的两根引线接 d 端。这样 R_t 与 R_2、R_3、R_4、R_{w1} 组成直流电桥，是一种单臂电桥。

3. 在 c 端与地之间加直流源+2V，合上主控箱电源开关，调节 R_{w1} 使电桥平衡，即电桥输出端 d 和中心点之间在室温下输出为零。

4. 将 d 端接到 V_{i1}，R_{W1} 中心点接到 V_{i2}，如图 6-22 所示。

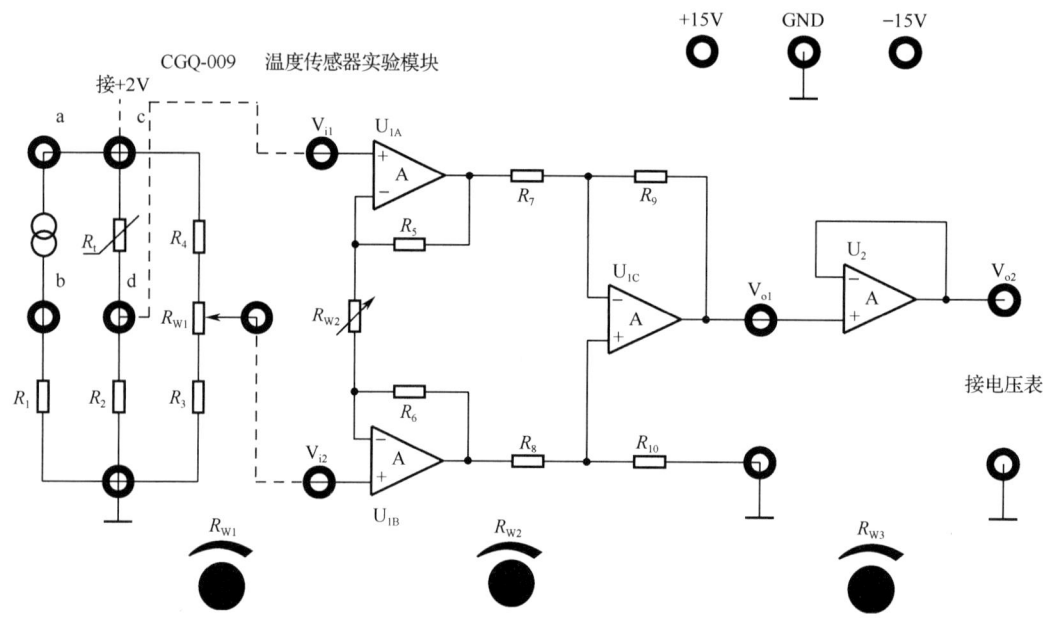

图 6-22 Pt100 铂电阻测温特性实验

5. 设定温度为 40℃，将 Pt100 探头插入温度源模块的一个插孔，开启电源，待温度控制在 40℃时记录下电压表读数，重新设定温度为 40℃+$n\Delta t$，建议 Δt=5℃，n=1～10，每隔 1n 读出数显表输出电压与温度。将结果填入表 6-6。

表 6-6 数显表读数 2

t/℃										
V/mV										

6. 根据表 6-6 计算非线性误差。

实验完毕，关闭主控箱电源。

五、思考题

如何根据温度范围和精度要求选用热电阻？

项目 6　温度的测量

【项目自测】

1. 填空题

（1）热电动势来源于两个方面，一方面是由两种导体的_____，另一方面是单一导体的_____。

（2）常用的热电式传感元件有_____、_____。

（3）热电偶是将温度变化转换成_____的测温元件，热电阻和热敏电阻是将温度转换成_____的测温元件。

（4）热电阻最常用的材料是_____，工业上被广泛用来测量中低温区的温度，在测量温度要求不高且温度较低的场合，_____电阻得到了广泛应用。

（5）热敏电阻按其基本性能可分为三种类型：_____、_____和_____。

2. 选择题

（1）热敏电阻的工作原理基于（　　）。

A．压电效应　　　　B．热电效应　　　　C．应变效应　　　　D．光电效应

（2）热电偶测量温度时，（　　）。

A．需要加正向电压　　　　　　　　B．需要加反向电压

C．加正、反向电压都可以　　　　　D．不需要加电压

（3）为了减小热电偶测温时的测量误差，需要进行的温度补偿方法不包括（　　）。

A．补偿导线法　　　B．电桥补偿法　　　C．冷端恒温法　　　D．差动放大法

（4）热电阻的引线阻值对测量结果有较大影响，采用（　　）引线方式测量精度最高。

A．二线制　　　　　B．三线制　　　　　C．四线制　　　　　D．五线制

（5）在相同的温度范围内，Pt100 铂电阻比 Pt10 铂电阻的变化范围大，因而灵敏度较（　　）。

A．高　　　　　　　B．低　　　　　　　C．一样　　　　　　D．不确定

（6）在实际的热电偶测温应用中，引用测量仪表而不影响测量结果利用了热电偶的（　　）。

A．中间导体定律　　　　　　　　　B．中间温度定律

C．标准电极定律　　　　　　　　　D．均质导体定律

3. 简答题

（1）热电偶测温时，为什么要进行冷端温度补偿？常用的补偿方法有哪些？

（2）热敏电阻的优缺点是什么？主要工业用途有哪些？

（3）热电阻传感器主要分为哪两种类型？它们分别应用在什么场合？

（4）热电阻三线电桥连接法如图 6-23 所示，试述其原理。

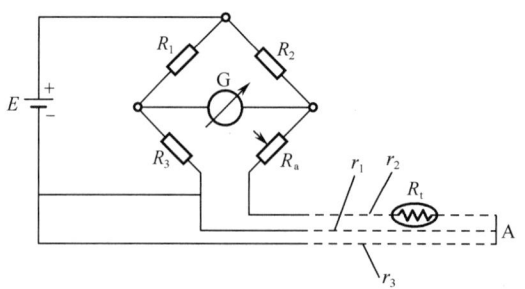

图 6-23 项目 6 自测 1 图

（5）图 6-24 所示为实验室常采用的冰点槽法热电偶冷端温度补偿接线图。

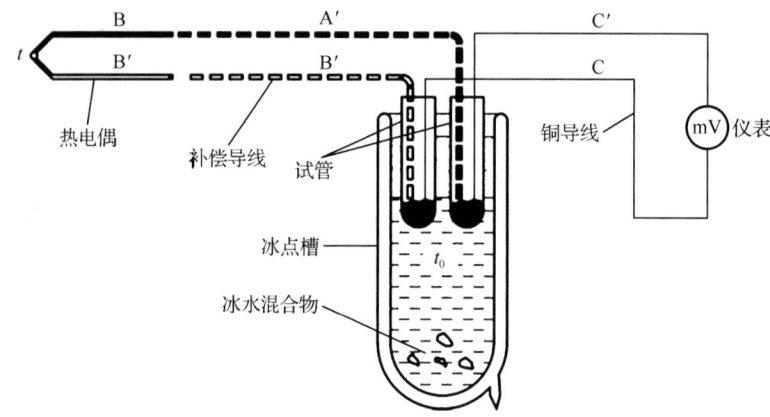

图 6-24 项目 6 自测 2 图

① 图中依据了热电偶的两个基本定律，分别指出并简述其内容。
② 将冷端置于冰点槽的主要原因是什么？对补偿导线有何要求？

4．计算题

（1）用一 K 型热电偶测量温度，已知冷端温度为 40℃，用高精度毫伏表测得此时的热电动势为 29.186mV，求被测温度。

（2）铂铑 10-铂（S）热电偶的冷端温度 $t_0 = 25℃$，现测得 $E(t,t_0) = 11.712\text{mV}$，则热端温度为多少？

（3）已知 Gu100 铜电阻的百度电阻比 $W(100) = R_{100}/R_0 = 1.42$，当用此电阻测量 50℃ 温度时的阻值是多少？若测得的阻值是 90Ω，则被测温度是多少？

（4）现用一支镍铬-铜镍热电偶测某炉膛温度，热电偶冷端温度为 30℃，显示仪表机械零位为 0℃，这时仪表读数为 400℃，认为此时炉膛温度为 430℃，是否正确？为什么？若不正确，则正确的值是多少？

项目 7　气体的测量

　　生活中气体的测量应用范围广泛，因此需要一种能将气体中的特定成分（浓度）检测出来并转换成电信号的器件。对气体的测量已经是保护和改善生态居住环境不可或缺的手段，气敏传感器在其中发挥着极其重要的作用。家庭厨房所用的热源有煤气、天然气、石油液化气等，这些气体的泄漏会造成爆炸、火灾、中毒等事故，对人身和财产的安全造成威胁，所以采用气敏传感器对这些气体进行测量十分重要。

　　本项目的学习任务：用气敏传感器测量气体成分和浓度。

知识目标

1．熟悉酒精气敏传感器电路。
2．了解气敏传感器的应用领域。
3．掌握气敏传感器的组成结构。
4．了解气敏传感器的工作原理。

技能目标

1．能测试气敏传感器的性能指标。
2．能正确选择气敏传感器。
3．能完成电路的焊接和调试。
4．能识读气敏传感器的电路图。
5．能检测和排除气敏传感器电路的故障。

素质目标

1．培育诚实守信的中华民族传统美德。
2．培育求真务实的科学精神。
3．培养生产生活中的安全意识。

一、任务描述

酒后驾驶引发的交通事故不胜枚举,酒后驾驶分为饮酒驾驶和醉酒驾驶两种。当驾驶人员血液中的酒精含量大于或等于 20mg/100mL,且小于 80mg/100mL 时为饮酒驾驶;当血液中的酒精含量大于或等于 80mg/100mL 时为醉酒驾驶。

要判断是否为酒后驾驶,最简单的方法是现场测量驾驶人员呼气中的酒精含量。大量的统计研究结果表明,如果被测者深呼气后,以中等力度呼气 3 秒以上,呼出的就是从肺部深处出来的气体,呼气中的酒精含量与血液中的酒精含量成正比。

二、任务分析

根据任务描述,我们测量的是被测者呼气中的酒精含量,酒精含量探测器的核心为酒精气敏电阻。被测者通过吹气管向酒精含量探测器呼气,排除周围环境中的空气对呼出的酒精气体的稀释影响,超过阈值浓度的酒精会引起酒精气敏电阻的阻值变化,从而实现对酒精浓度的测量。

三、知识引入

气敏传感器又称气体传感器,是将被测气体的类别、浓度和成分转换成与其呈一定关系的电信号的装置或器件,用来提供有关被测气体的存在及其浓度的信息。

39 气敏传感器的分类

由于气体种类繁多,性质各不相同,不可能用一种传感器测量所有气体,按构成气敏传感器的材料不同可分为半导体和非半导体两大类。目前使用最多的是半导体气敏传感器。

半导体气敏传感器是利用被测气体与半导体表面接触时,产生的电导率等物理量性质变化来测量气体的。按照半导体与气体相互作用时产生的变化只限于半导体表面或深入半导体内部,半导体气敏传感器可分为表面控制型和体控制型。前者半导体表面吸附的气体与半导体间发生电子接收,使半导体的电导率等物理量性质发生变化,但内部化学组成不变;后者半导体与气体的反应使半导体内部化学组成发生变化,从而使电导率变化。按照半导体变化的物理特性,半导体气敏传感器又分为电阻型和非电阻型。电阻型半导体气敏传感器是利用敏感材料接触气体时,其阻值变化来测量气体的;非电阻型半导体气敏传感器是利用其他参数,如二极管伏安特性和晶体管的阈值电压变化来测量气体的。表 7-1 所示为半导体气敏传感器的分类。

表 7-1 半导体气敏传感器的分类

	主要物理特性	类 型	测量气体	气 敏 元 件
电阻型	电阻	表面控制型	可燃性气体	SnO_2、ZnO 等的烧结体、薄膜、厚膜
		体控制型	酒精气体	氧化镁,SnO_2
			可燃性气体	氧化钛(烧结体)
			氧气	$T-Fe_2O_3$
非电阻型	二极管伏安特性	表面控制型	氢气	铂-硫化镉
			一氧化碳	铂-氧化钛
			酒精气体	金属-半导体结型二极管
	晶体管特性		氢气、硫化氢	MOS

项目 7 气体的测量

气敏传感器是暴露在各种成分的气体中使用的，由于测量现场温度、湿度的变化很大，又存在大量粉尘和油雾等，所以其工作条件较恶劣，而且气体与敏感材料接触后会产生化学反应物，附着在传感器表面，往往会使其性能变差。因此，对气敏传感器有下列要求：能长期稳定工作、重复性好、响应速度快、共存物质产生的影响小等。

（一）半导体气敏传感器的机理

半导体气敏传感器是利用半导体表面的氧化和还原反应导致敏感材料阻值变化而制成的。

当氧化型气体吸附到 N 型半导体上，还原型气体吸附到 P 型半导体上时，半导体载流子减少，从而使半导体的阻值增大；当还原型气体吸附到 N 型半导体上，氧化型气体吸附到 P 型半导体上时，半导体载流子增多，从而使半导体的阻值减小。

以半导体材料 SnO_2 为例，SnO_2 为金属氧化物半导体气敏材料，属于 N 型半导体，吸附被测气体时的阻值变化曲线如图 7-1 所示。当半导体气敏传感器在洁净的空气中开始通电加热时，其阻值急剧减小，阻值发生变化的时间（称为响应时间）不到 1min，上升经 2～10min 后达到稳定状态，这段时间为初始稳定时间，因为在 200～300℃下 SnO_2 吸附空气中的氧，形成氧的负离子吸附，使半导体的电子密度减少，从而使其阻值增大。半导体材料 SnO_2 只有在达到初始稳定状态后才能用于气体检测。

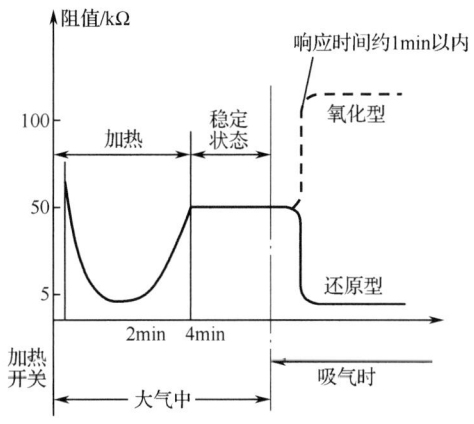

图 7-1 N 型半导体吸附气体时的阻值变化曲线

如果被测气体为还原性可燃性气体（H_2、CO、酒精等），则原来吸附的氧脱附，而由可燃性气体以正离子状态吸附在金属氧化物半导体表面；氧脱附放出电子，可燃性气体以正离子状态吸附也要放出电子，从而使氧化物半导体导电电子密度增加，阻值减小。若可燃性气体不存在，则金属氧化物半导体又会自动恢复氧的负离子吸附，使阻值增大到初始稳定状态。

SnO_2 在室温下虽能吸附气体，但其电导率变化不大，当温度增加后，电导率会发生较大的变化，因此气敏传感器在使用时需要加热。

（二）半导体气敏传感器的类型及结构

1. 电阻型半导体气敏传感器的类型及结构

半导体气敏传感器一般由三部分组成：敏感元件、加热器和

40 半导体式气敏传感器类型及结构

外壳。按照其制作工艺分为烧结型、薄膜型和厚膜型三类，其典型结构如图 7-2 所示。

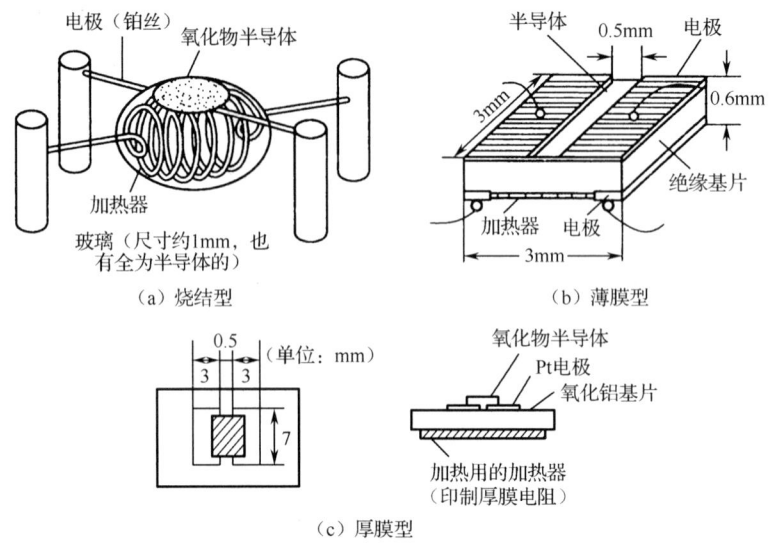

图 7-2　半导体气敏传感器的典型结构

图 7-2（a）所示为烧结型半导体气敏传感器。这类器件以 SnO_2 为基体，将铂电极和加热丝埋入 SnO_2，用加热、加压、温度为 700～900℃ 的制陶工艺烧结成形，因此，被称为半导体陶瓷，简称半导瓷。半导瓷内的晶粒直径为 1μm 左右，晶粒的大小对阻值有一定影响，但对气体测量灵敏度无很大影响。烧结型半导体气敏传感器制作简单，寿命长；但由于烧结不充分，机械强度不高，电极材料较贵重，电性能一致性较差，因此应用受到一定限制。

图 7-2（b）所示为薄膜型半导体气敏传感器，采用蒸发或溅射工艺，在绝缘基片上形成氧化物半导体薄膜，制作方法简单。实验证明，SnO_2 薄膜的气敏特性最好，但这种半导体薄膜为物理性附着，器件间性能差异较大。

图 7-2（c）所示为厚膜型半导体气敏传感器，这种器件是先将氧化物半导体材料与硅凝胶混合制成能印刷的厚膜胶，再把厚膜胶印刷到装有电极的绝缘基片上，经烧结制成的。这种工艺制成的器件机械强度高、离散度小，适合大批量生产。

上述器件全部附有加热器，它的作用是将附着在敏感元件表面的尘埃、油雾等烧掉，加速气体的吸附，从而提高器件的灵敏度和响应速度。加热器的温度一般控制在 200～400℃。

由于加热方式一般有直热式和旁热式两种，因而分为直热式半导体气敏传感器和旁热式半导体气敏传感器。直热式半导体气敏传感器的结构及符号如图 7-3 所示。直热式半导体气敏传感器是将加热丝、测量丝直接埋入 SnO_2 等粉末中烧结而成的，工作时加热丝通电，测量丝用于测量阻值。这类器件的制造工艺简单、成本低、功率小。可以在高电压回路下使用，但热容量小，易受环境气流的影响，测量回路和加热回路间没有隔离，从而会相互影响。

旁热式半导体气敏传感器的结构及符号如图 7-4 所示。它的特点是将加热丝放置在一个绝缘瓷管内，管外涂梳妆金电极作为测量电极，在金电极外涂上 SnO_2 等材料，旁热式半导体气敏传感器克服了直热式的缺点，使测量电极和加热极分离，而且加热丝不与敏感材料接触，避免了测量回路和加热回路的相互影响，器件热容量大，降低了环境温度对器件加热温度的影响，所以这类器件的稳定性、可靠性都较直热式好。

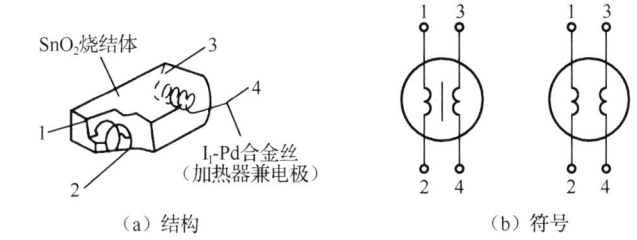

图 7-3 直热式半导体气敏传感器的结构及符号

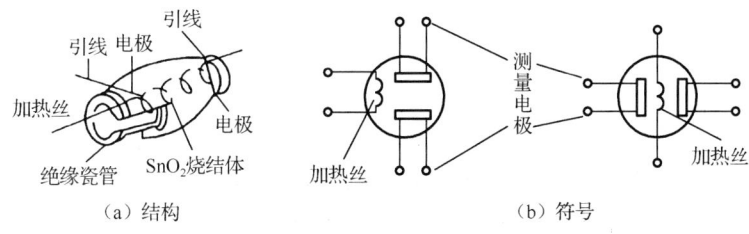

图 7-4 旁热式半导体气敏传感器的结构及符号

2. 测量转换电路

SnO_2 气敏传感器的测量转换电路如图 7-5 所示。当被测气体的浓度变化时，气敏传感器的阻值发生变化，从而导致输出发生变化。

（三）半导体气敏传感器的气敏选择性

选择性是检验化学传感器是否具有实用价值的重要尺度。欲从复杂的气体混合物中识别出某种气体，就要求该传感器具有很好的选择性。氧化物半导体气敏传感器的敏感对象主要是还原性气体，如 CO、H_2、甲烷、甲醇、乙醇

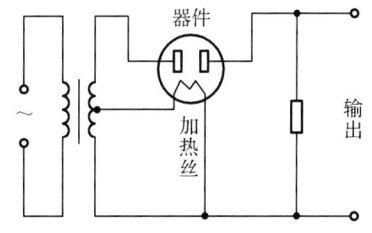

图 7-5 SnO_2 气敏传感器的测量转换电路

等。为了有效地将这些性质相似的还原性气体区分开，达到有选择地测量某单一气体的目的，必须通过改变传感器的外在使用条件和材料的物理及化学性质来实现。

使用某种物理或化学过滤膜，使单一气体能通过该膜到达氧化物半导体表面，而拒绝其他气体通过，从而达到有选择地测量气体的目的。例如，石墨过滤膜，涂在厚膜型半导体气敏传感器表面可以消除氧化性气体（如 NO_x）对传感器信号的影响。

提高半导体气敏传感器气敏选择性最有效、最常用的手段是利用某些催化剂能有选择地对被测气体进行催化和氧化。通过选择合适的催化添加剂，可使由同一种基本氧化物半导体制成的气敏传感器具有测量多种不同气体的能力。

四、任务实施

1. 原理图

酒精气敏传感器电路的原理图如图 7-6 所示。

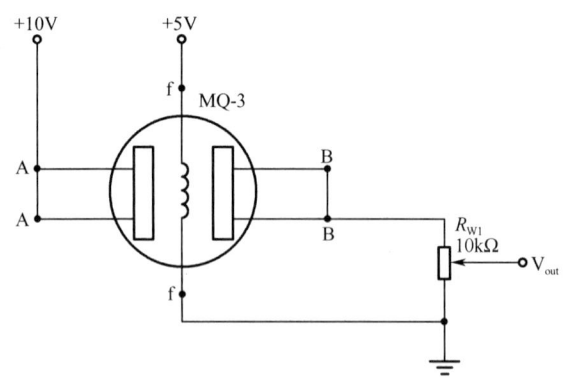

图 7-6　酒精气敏传感器电路的原理图

2. 电路分析

酒精气敏传感器 MQ-3 所使用的半导体材料是在清洁空气中电导率较低的 SnO_2。当传感器所处环境中存在酒精气体时，传感器的电导率随空气中酒精气体浓度的增加而增大。酒精气敏传感器 MQ-3 对酒精的灵敏度高，可以抵抗汽油、烟雾和水蒸气的干扰。

加热电源电压 5V，回路电压 10V，输出端接电压表。在洁净空气中 AB 间电阻大，输出电压低；在酒精气体中 AB 间电阻小，输出电压高。

3. 元件清单

酒精气敏传感器电路的元件清单如表 7-2 所示。

表 7-2　酒精气敏传感器电路的元件清单

序　号	元件代号	名　称	参数或规格
1	MQ-3	气敏电阻	MQ-3
2	R_{W1}	可调电阻	10kΩ

4. 项目制作

（1）准备。

元件：按元件清单备齐。

工具：电烙铁、烙铁架、焊锡丝、松香、剪刀、尖嘴钳、螺丝刀、镊子、万用表和直流稳压电源。

（2）元件测试。

MQ-3 测试，可根据元件技术参数对气敏电阻进行测试。

（3）焊接。

元件在焊接上要遵循"先低后高"的原则，先焊接小元件，后焊接大元件。

（4）检查。

焊接完成后先自查，再让老师检查。

（5）通电调试。

通电预热，用浸透酒精的小棉球靠近传感器，电压表选择合适的量程，观察输出电压的变化。

(6) 完成实训报告。

实训报告包括任务设计与制作的意义、检查电路设计、制作与调试、检测结果与分析。

五、任务评价

酒精气敏传感器电路的制作评价如表 7-3 所示。

表 7-3　酒精气敏传感器电路的制作评价

序　号	名　称	分　值	考　核　点	得　分
1	资讯	10	气敏电阻的特性、检测方法，电路的工作原理，调试方法	
2	计划	20	列出元件、工具、耗材，制定安装流程与测试步骤	
3	实施	40	正确使用仪器仪表和工具，能识别、检测元件，能设计电路布局，焊接、调试电路	
4	报告	15	格式规范、项目分析、实施、过程记录情况，想法、建议	
5	素养	15	态度、工作记录、团队合作能力、5S 管理原则	

六、任务拓展

随着工农业的不断发展，易燃、易爆、有毒气体的种类和应用范围都得到了迅速增加。这些气体在生产、运输、使用过程中一旦发生泄漏，将会引发中毒、火灾甚至爆炸事故，严重危害人民的生命和财产安全。由于气体本身存在扩散性，发生泄漏之后，在外部风力和内部浓度梯度的作用下，气体会沿地表面扩散，在事故现场形成燃烧爆炸或毒害危险区，扩大危害区域。为此，必须在日常生产中加强对这些气体的检测，需要用到大量的气敏传感器。表 7-4 给出了半导体气敏传感器的应用。

表 7-4　半导体气敏传感器的应用

分　类	被测气体	应用场所
爆炸性气体	液化石油气、城市用煤气 甲烷、可燃性煤气	家庭 煤矿、办事处
环境气体	O_2、CO_2、 水蒸气（调节温度、防止结露） 大气污染	家庭、办公室 电子设备、汽车 温室
有害气体	CO（不完全燃烧的煤气） 硫化氢、含硫的有机化合物 卤素、卤化物、氨气等	煤气灶 特殊场合 特殊场合
工业气体	O_2、CO、 水蒸气（食品加工）	发电机、锅炉 电炊灶
其他	呼出气体中的酒精、烟	—

1. 家用气体报警器电路

气体报警器可根据使用气体种类，安放于易检测气体泄漏的地方，这样就可以随时检测气体是否泄漏，一旦泄漏气体达到危险的浓度，便自动发出报警信号。

图 7-7 所示为利用 QM-N6 型半导体气敏传感器设计的简单且廉价的家用气体报警器电路。

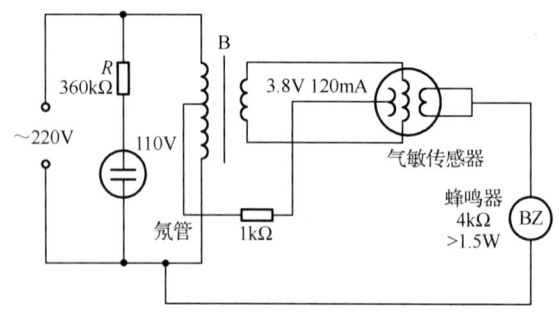

图 7-7　家用气体报警器电路

工作原理：将蜂鸣器与气敏传感器串联构成简单电路，当气敏传感器接触到泄漏气体（如煤气、液化石油气等）时，其阻值减小，回路电流增大，达到报警点时蜂鸣器发出报警信号。

设计报警器时，重要的是如何确定开始报警的浓度。一般情况下，对于丙烷、丁烷、甲烷等气体，都选定在其爆炸下限的十分之一。

2. 家用煤气安全报警器电路

图 7-8 所示为家用煤气安全报警器电路，该电路由两部分组成。

煤气报警器：在煤气浓度达到危险界限前发出报警信号。

开放式负离子发生器：自动产生空气负离子，使煤气中的主要有害成分 CO 与空气负离子中的臭氧（O_3）反应，生成对人体无害的 CO_2。

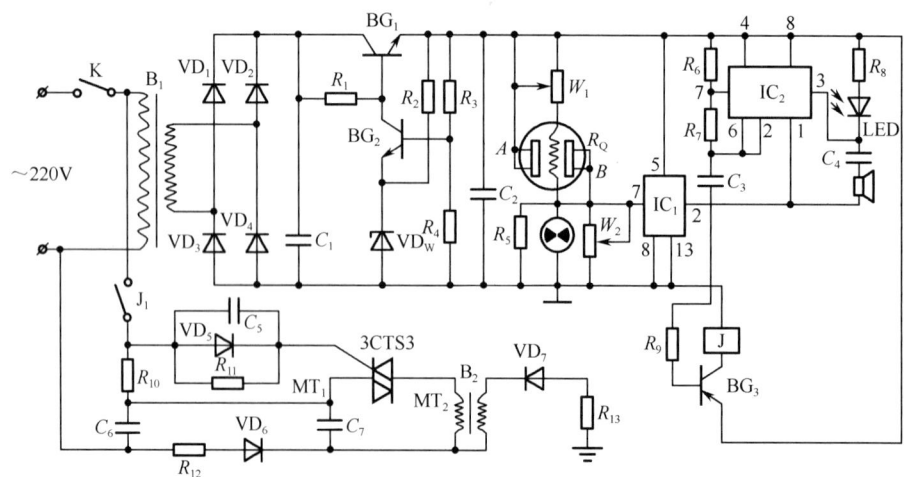

图 7-8　家用煤气安全报警器电路

3. 火灾烟雾报警器电路

SnO_2 气敏传感器对烟雾也很敏感，利用此特性，可设计火灾烟雾报警器电路。在火灾初期会产生可燃性气体和烟雾,因此可以利用 SnO_2 气敏传感器做成烟雾报警器电路,在火灾发生之前进行预报。

图 7-9 所示为火灾烟雾报警器电路,具有双重报警机构:当火灾发生时温度升高,达到一定温度时,热传感器动作,蜂鸣器报警;当烟雾或可燃性气体达到预定报警浓度时,SnO_2 气敏传感器发生作用使报警器电路动作,蜂鸣器亦鸣响报警。

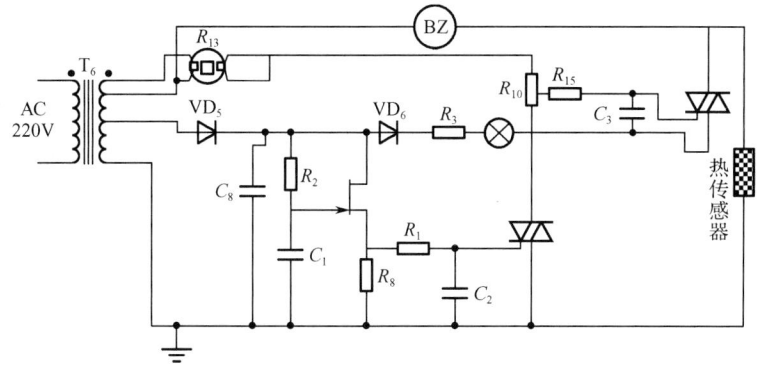

图 7-9 火灾烟雾报警器电路

4. 酒精探测仪

利用 SnO_2 气敏传感器可以设计携带式酒精探测仪,其电路如图 7-10 所示,拉杆用来接通 12V 直流电源,经稳压后供给气敏传感器作为加热电源和工作回路电源。当探测到酒精气体时,气敏传感器阻值减小,测量回路有信号输出,在 400μA 表上有相应的读数,确定酒精气体的存在。

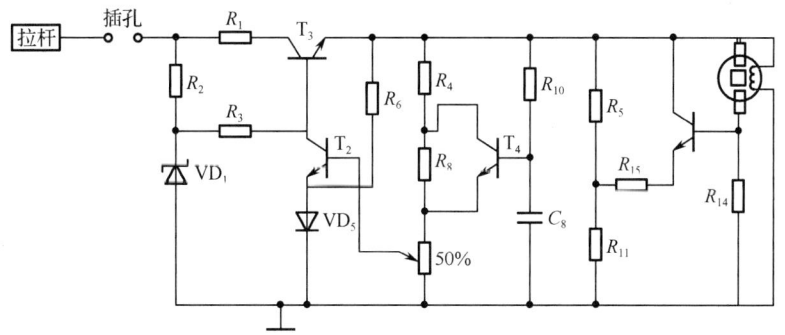

图 7-10 酒精探测仪电路

【项目梳理思维导图】

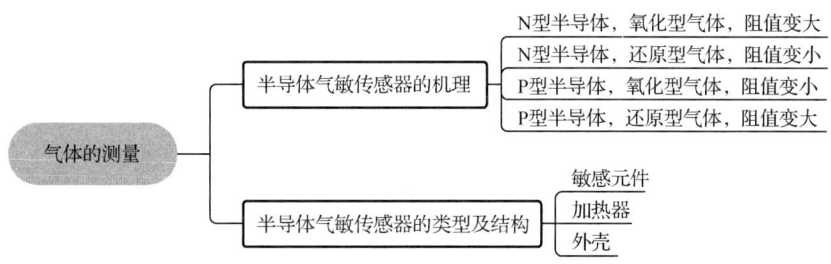

【项目实训】

酒精气敏传感器实验

一、实验目的

了解酒精气敏传感器的工作原理及特性。

二、基本原理

气敏传感器是由微型 AL_2O_3 陶瓷管、SnO_2 敏感层、测量电极和加热器构成的。在正常情况下,SnO_2 敏感层在一定的加热温度下具有一定的表面电阻（10μΩ 左右）,当遇有一定含量的酒精气体时,其表面电阻可迅速减小,通过测量回路可将这一变化的电阻转换成电信号输出。

三、实验器件

气敏传感器、CGQ-010 气敏传感器实验模块、酒精、电压表、直流电源。

四、实验步骤

1．将+15V 电源接入气敏传感器实验模块。

2．打开电源开关,给气敏传感器预热几分钟（按正常的工作标准应为 24 小时）,若时间较短,则可能产生较大的测试误差。

3．将实验模块上的 V_o 连接到主控箱的电压表,用棉签蘸少许酒精靠近气敏传感器,观察电压表的变化,随着传感器内酒精浓度的升高,电压表读数将越来越大,同时发光管点亮的数目呈上升趋势,越来越多。

4．拿掉棉签,随着酒精的挥发,发光管点亮的数目慢慢减少,电压也随之降低。

5．在已知所测酒精浓度的情况下,调整 R_w 可进行实验模块的输出标定。

【项目自测】

1．填空

（1）气敏传感器是将被测气体的_____为与其呈一定关系的_____的装置或器件,用来提供有关被测气体的存在及其浓度大小的信息。

（2）按构成气敏传感器的材料可分为_____、_____两大类。

（3）半导体气敏传感器是利用半导体表面的_____导致敏感材料_____而制成的。

（4）半导体气敏传感器一般由三部分组成：_____、_____、_____。

（5）气敏传感器全部附有加热器,它的作用是将附着在敏感材料表面上的_____等烧掉,加速气体的吸附,从而提高器件的_____。

2．简答题

（1）简述家用气体报警器电路的工作原理。

（2）简述气敏传感器的工作原理。

（3）分析气敏传感器可应用于哪些领域。

（4）图 7-11 所示为可燃性气体报警器电路。

① 试分析其工作原理。

② 在正常气体环境中，应调节 R_P 使晶体管 VT 处于什么状态？

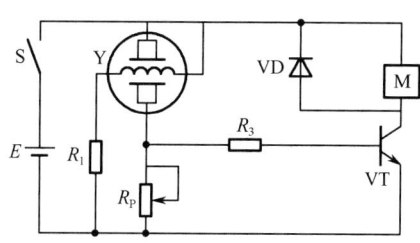

图 7-11　项目 7 自测 1 图

项目 8 湿度的测量

在工农业生产、气象、环保、国防、科研、航天等部门，经常需要对环境湿度进行测量及控制。例如，许多储物仓库在湿度超过某一程度时，物品易发生变质或霉变现象；居室的湿度希望适中；水果的保鲜也需要考虑湿度。但在常规的环境参数中，湿度是最难准确测量的一个参数，这是因为测量湿度要比测量温度复杂得多，温度是一个独立的被测量，而湿度却受其他因素（大气压强、温度）的影响。

本项目的学习任务：用湿敏传感器测量湿度。

知识目标

1. 熟悉土壤湿度测量电路。
2. 掌握湿度的概念。
3. 掌握湿敏传感器的组成结构。
4. 了解湿敏传感器的工作原理。

技能目标

1. 能正确选择湿敏传感器。
2. 能识读湿敏传感器的电路图。
3. 能完成电路的焊接和调试。
4. 能检测和排除湿敏传感器电路的故障。

素质目标

1. 培育勤俭奉献的中华民族传统美德。
2. 培育追求卓越的科学精神。
3. 培养绿色环保意识。

项目 8　湿度的测量

一、任务描述

干旱是困扰许多国家和地区的一大难题，水资源紧缺依旧是许多国家所面临的严重问题，即使水资源中有 80%用于农业灌溉，但依旧无法解决农业的干旱问题。其主要原因是有一部分水因为灌溉时使用的量及次数不合理，导致水的利用率很低。这一点可以使用土壤水分湿度测量仪进行测量之后再进行合理的灌溉，这样既能减少水资源的浪费，又能解决水的利用率低下问题。

二、任务分析

本项目利用湿敏电阻的阻值随土壤湿度的变化而变化的特性，实现土壤湿度的测量。

三、知识引入

湿度传感器又称湿敏传感器，是一种能够将被测环境湿度转换成电信号的装置，主要由湿敏元件和转换电路两部分组成，除此之外还包含一些辅助电源、温度补偿、输出显示设备等。

41 湿度及其测量

（一）湿度及其表示

所谓湿度，是指大气中水蒸气的含量，表明大气的干湿程度，目前的湿敏传感器多数用于测量空气中的水蒸气含量。通常用绝对湿度、相对湿度和露点（露点温度）来表示。

（1）绝对湿度（Absolute Humidity，AH）：指在一定温度和压力条件下，单位体积的混合气体中所含水蒸气的质量。根据定义有

$$AH = \frac{m_V}{V}$$

式中，m_V——被测混合气体中所含水蒸气的质量；
V——被测混合气体的总体积；
AH——被测混合气体的绝对湿度，单位为 g/m^3。

（2）相对湿度（Relative Humidity，RH）：指被测气体中的水蒸气气压（P_V）和该气体在相同温度下饱和水蒸气气压（P_S）的百分比，其表达式为 $RH = \frac{P_V}{P_S} \times 100\%$，即相对湿度给出了大气的潮湿程度，实际中常使用相对湿度。

（3）露点：在一定大气压下，将含有水蒸气的空气冷却，当温度下降到某一特定温度时，空气中水蒸气达到饱和状态，开始从气态变成液态而凝结成露珠，这种现象称为结露，这一特定温度就称为露点。

（二）湿敏传感器的分类

利用湿敏材料对水分子的吸附能力或对水分子产生物理效应的方法测量湿度的元件称为湿敏元件。湿度传感器的原理是湿敏元件吸附水分而使其阻值减小。

根据水分子易于吸附在固体湿敏元件表面并渗透到固体内部的特性，湿敏传感器可分为水分子亲和力型和非水分子亲和力型。水分子亲和力型湿敏传感器是指湿敏材料吸附（物

理吸附和化学吸附）水分子后，电气性能（电阻、电介常数、阻抗等）发生变化的湿敏传感器，如湿敏电阻、湿敏电容等；非水分子亲和力型湿敏传感器是指利用物理效应而制成的湿敏传感器，如热敏电阻式、红外吸收式、超声波式和微波式湿敏传感器。

根据使用材料的不同，湿敏传感器可分为电解质型、半导体型、有机高分子型等。按其元件输出的电学量可分为电阻式、电容式和频率式等；按其探测功能可分为相对湿度、绝对湿度、结露。

（三）湿敏元件的主要特性参数

1. 湿度量程

湿度量程是指能保证一个湿敏元件正常工作的环境湿度的最大变化范围。湿度量程越大，其实际使用价值越大。理想的湿敏元件的湿度量程应当是 0～100%RH。

2. 感湿特性

感湿特性是指湿敏元件的感湿特征量。每种湿敏元件都有其感湿特性，如电阻、电容、电压、频率等，在规定的工作湿度范围内，湿敏元件的感湿特性随环境相对湿度变化的关系曲线，称为相对湿度特性曲线，简称感湿特性曲线。有的湿敏元件的感湿特性随湿度的增加而增大，称为正特性湿敏元件，如图 8-1（a）所示；有的湿敏元件感湿特性随湿度的增加而减小，称为负特性湿敏元件，如图 8-1（b）所示。人们希望感湿特性曲线应当在全量程上是连续的，曲线各处斜率相等，即呈线性关系，且斜率应适当，因为斜率过小，灵敏度降低；斜率过大，稳定性降低，这些都会给测量带来困难。

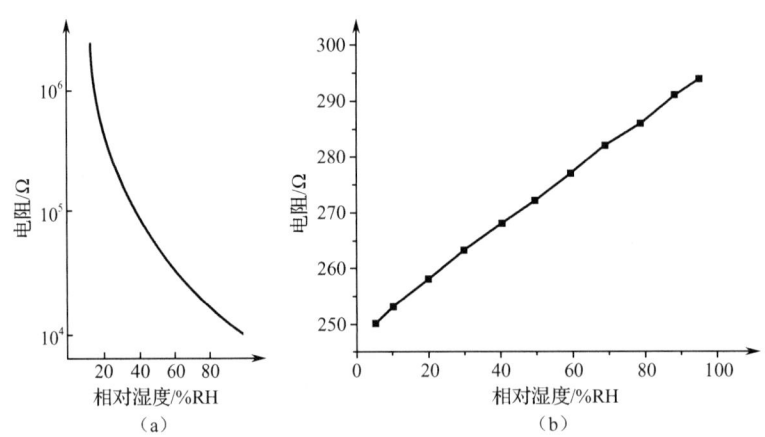

图 8-1 湿敏元件的感湿特性曲线

3. 感湿灵敏度

在某一相对湿度范围内，相对湿度改变 1%RH 时，湿敏元件感湿特性的变化量或百分率称为感湿灵敏度，简称灵敏度，又称湿度系数。

4. 湿度温度系数

湿度温度系数是反映湿敏元件的感湿特性随环境温度而变化的特性参数。在不同的环境温度下，湿敏元件的感湿特性曲线是不同的，感湿特性随环境温度的变化越小，环境温度变化所引起的相对湿度的误差就越小。湿敏元件的湿度温度系数定义为：在湿敏元件感湿特性恒定的条件下，该感湿特性所表示的环境相对湿度随环境温度的变化率。

5. 响应时间

在一定的温度下，当相对湿度发生跃变时，湿敏元件的感湿特性达到稳态变化量的规定比例所需的时间称为响应时间，又称时间常数，反映湿敏元件对于相对湿度发生变化时，其反应速度的快慢。

6. 湿滞回线

湿敏元件在吸湿和脱湿往返变化时的吸湿和脱湿特性曲线不重合，所构成的曲线叫作湿滞回线。由于吸湿和脱湿特性曲线不重合，因此对于同一感湿特性，相对湿度之差称为湿滞量。湿滞量越小越好，以免给湿度测量带来难度和误差。

7. 电压特性

湿敏元件感湿特性与外加交流电压之间的关系称为电压特性。当交流电压较大时，会产生焦耳热，给湿敏元件的特性带来较大影响。

8. 频率特性

湿敏元件的阻值与外加测试电压频率有关。在各种湿度下，当测试电压频率小于一定值时，阻值不随测试电压频率而变化，该频率被确定为湿敏元件的使用频率上限。当然，为防止水分子的电解，测试电压频率也不能太低。

（四）电阻式湿敏传感器

电阻式湿敏传感器是利用阻值随湿度变化而变化的基本原理进行工作的，其感湿特性为电阻，又称湿敏电阻。利用湿敏电阻进行湿度测量和控制，具有灵敏度高、体积小、寿命长、不需要维护、可以进行遥测和集中控制等优点。湿敏电阻按照材料分为氯化锂（LiCl）湿敏电阻、半导体陶瓷湿敏电阻和有机高分子膜湿敏电阻。

1. 氯化锂湿敏电阻

氯化锂湿敏电阻的外形和结构如图 8-2 所示，由引线、基片、感湿层和铂金电极组成。

氯化锂湿敏电阻是利用潮解性盐类受潮后阻值发生变化的特性制成的，氯化锂是潮解性盐，这种电解质溶液形成的薄膜能随着空气中水蒸气的变化而吸湿或脱湿，其特性曲线如图 8-3 所示。

氯化锂浓度不同的湿敏电阻，适用于不同的相对湿度范围。浓度低的氯化锂湿敏电阻对高湿度敏感，浓度高的氯化锂湿敏电阻对低湿度敏感。一般单片的湿敏电阻的湿度量程仅在 30%RH 左右，为了扩大湿度测量的线性范围，可以将多个浓度不同的氯化锂湿敏电阻组合使用。

2. 半导体陶瓷湿敏电阻

半导体陶瓷湿敏电阻根据微粒堆集体或多孔状陶瓷体的感湿材料吸附水分可使电导率变化的原理测量湿度。

 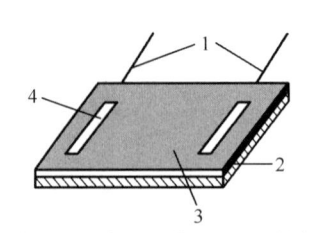 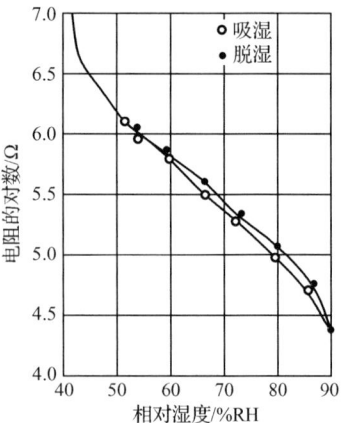

1—引线；2—基片；3—感湿层；4—铂金电极

（a）外形　　　　　　　　　（b）结构

图 8-2　氯化锂湿敏电阻的外形和结构　　　　图 8-3　氯化锂湿敏电阻特性曲线

制造半导体陶瓷湿敏电阻的材料主要有不同类型的金属氧化物，如铬酸镁-二氧化钛（$MgCr_2O_4$-TiO_2）系、氧化锌-氧化锂-五氧化二钒（ZnO-Li_2O-V_2O_5）系、硅-氧化钠-五氧化二钒（Si-Na_2O-V_2O_5）系、四氧化三铁（Fe_3O_4）系等。

铬酸镁-二氧化钛湿敏电阻的结构如图 8-4（a）所示，铬酸镁-二氧化钛在陶瓷片的两面设置铂金电极，并用掺金玻璃粉将引线与金电极烧结在一起。在陶瓷片的外面，安放一个由镍铅丝烧制而成的加热清洗圈，以便经常地对元件进行加热清洗，排除有害气体对元件的污染。元件安放于一种高度致密的、疏水性的陶瓷底座上。为消除底座上测量电极 2 和 3 之间由于吸湿和污染引起的漏电，在电极 2 和 3 的四周设置金短路环。

铬酸镁-二氧化钛湿敏电阻主要利用陶瓷烧结体微洁净表面在吸湿和脱湿过程中电极之间阻值的变化来检测相对湿度。陶瓷烧结体微洁净表面对水分进行吸湿或脱湿时，引起电极间阻值随相对湿度呈指数变化，其阻值随湿度增加而减小，如图 8-4（b）所示，从而将湿度转换成电信号。

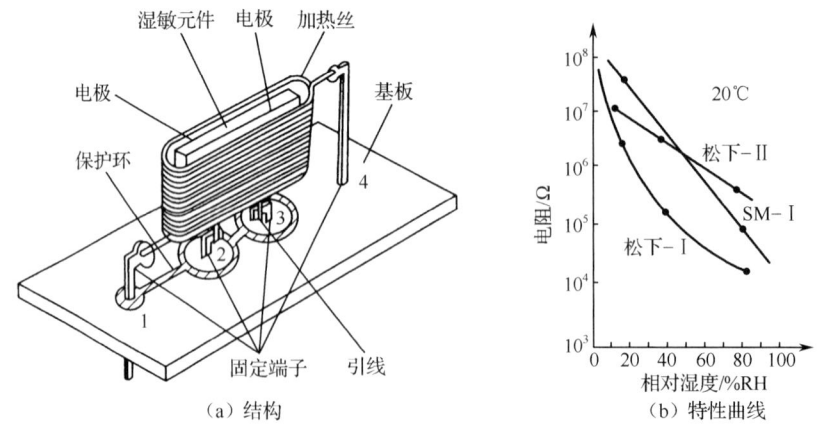

（a）结构　　　　　　　　　　　　　（b）特性曲线

图 8-4　铬酸镁-二氧化钛湿敏电阻的结构及特性曲线

该类湿敏电阻具有以下特点：体积小，测湿范围宽，一片即可测量 1～100%RH，并可用于高温环境（150℃），最高承受温度可达 600℃；能用电热反复进行清洗，除掉吸附在陶瓷上的油雾、灰尘、盐、酸、可溶胶或其他污染物，以保持精度；响应速度快（一般不超过20s；长期稳定性好。

3. 有机高分子膜湿敏电阻

有机高分子膜湿敏电阻是先在氧化铝等陶瓷基板上设置梳妆电极，然后在其表面涂上既有感湿性能，又有导电性能的高分子膜，最后涂覆一层多孔质的高分子膜保护层制成的。这种湿敏电阻利用了水蒸气附着于高分子膜上，电阻与相对湿度相对应这一性质。由于使用了高分子材料，所以适用于高温气体中湿度的测量。图8-5所示为Fe_2O_3-$HO(CH_2CH_2O)nH$高分子膜湿敏电阻的结构及特性曲线。

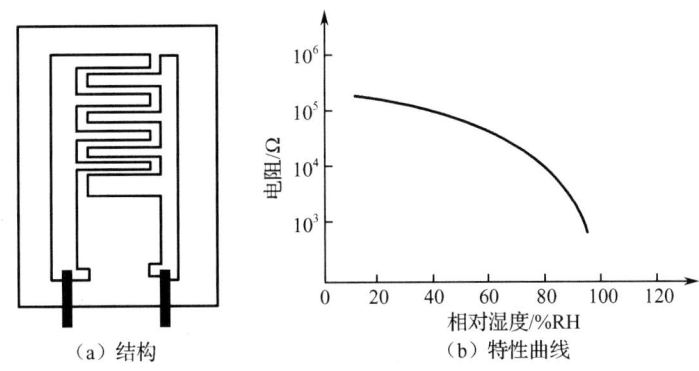

（a）结构　　　　（b）特性曲线

图8-5　Fe_2O_3-$HO(CH_2CH_2O)nH$高分子膜湿敏电阻的结构及特性曲线

小常识：

当用电阻式湿敏传感器测量湿度时，所加的测试电压不能用直流电压。这是因为加直流电压会引起感湿体内部水分子的电解，致使电导率随时间的增加而下降，故测试电压采用交流电压。电阻式湿敏传感器的阻值与外加测试电压频率有关，对于离子导电型湿敏传感器，测试电压频率一般以1kHz为宜；对于电子导电型湿敏传感器，测试电压频率应低于50kHz。

（五）电容式湿敏传感器

湿敏电容一般是高分子薄膜电容，常用的高分子材料有聚苯乙烯、聚酰亚胺、铬酸醋酸纤维等。当环境湿度发生变化时，湿敏电容的介电常数发生变化，使其电容发生变化，电容的变化量与相对湿度成正比，即当相对湿度增大时，电容随之增大；反之减小。传感器后端的转换电路可以把湿敏电容的变化转换成电压的变化，对应相对湿度0~100%RH的变化，传感器的输出呈0~1V的线性变化，湿敏电容的优点是灵敏度高、产品互换性好、响应速度快，但其精度与湿敏电阻相比较低。

四、任务实施

1. 原理图

土壤湿度测量电路的原理图如图8-6所示。

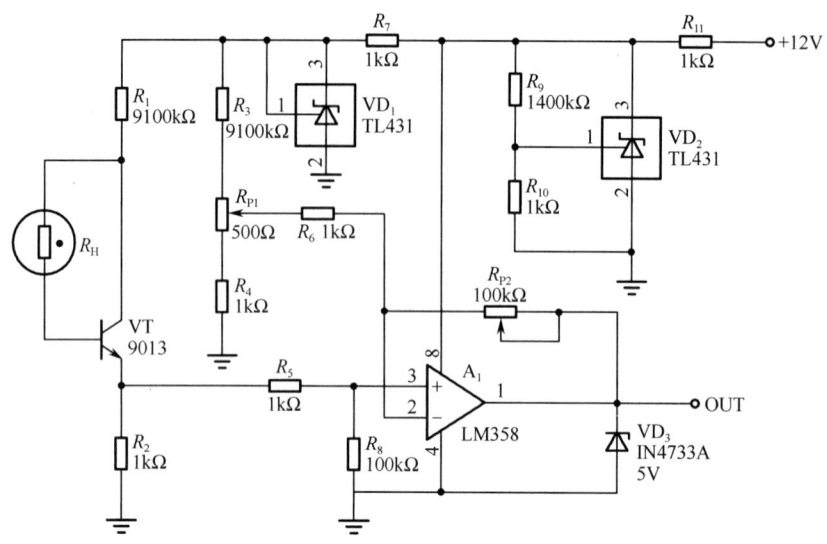

图 8-6 土壤湿度测量电路的原理图

2. 电路分析

传感器采用硅湿敏电阻,它在 25℃时的感应时间小于 5s,检测土壤含水量的范围为 0～100%,具有良好的防水性能和抗污染能力。

直流电压（+12V）送入电路后,首先经电阻 $R_9 \sim R_{11}$ 分压,三端可调分流基准源 VD_2 稳压后,输出+6V 电压。+6V 电压一路为 A_1 的 8 脚提供工作电压,一路将 R_7 降压、VD_1 稳压后输出 2.5V 电压,为电路供电。

硅湿敏电阻 R_H、三极管 VT 及电阻 R_1、R_2 构成了土壤湿度测量电路,用于检测土壤中湿度的变化,土壤湿度大则 R_H 小,反之则 R_H 大。硅湿敏电阻 R_H 将其感应的湿度信息转换成 VT 基极电流变化,湿度大则极电流大,湿度小则极电流小,三极管 VT 为射极输出,输出电压经运算放大器 LM358 同相放大、VD_3 限幅,将电压控制在 5V 以内。

3. 元件清单

土壤湿度测量电路的元件清单如表 8-1 所示。

表 8-1 土壤湿度测量电路的元件清单

序　号	元件代号	名　称	参数或规格
1	VD_1	三端可调分流基准源	TL431
2	VD_2	三端可调分流基准源	TL431
3	VD_3	稳压管	5V
4	VT	三极管	9013
5	A_1	运算放大器	LM358
6	R_H	硅湿敏电阻	MS01A
7	R_1	电阻	9.1kΩ

续表

序　号	元件代号	名　称	参　数
8	R_2	电阻	1kΩ
9	R_3	电阻	9.1kΩ
10	R_4	电阻	1kΩ
11	R_5	电阻	1kΩ
12	R_6	电阻	1kΩ
13	R_7	电阻	1kΩ
14	R_8	电阻	100kΩ
15	R_9	电阻	1.4kΩ
16	R_{10}	电阻	1kΩ
17	R_{11}	电阻	1kΩ
18	R_{P1}	电位器	500Ω
19	R_{P2}	电位器	100kΩ

4. 项目制作

（1）准备。

元件：按元件清单备齐。

工具：电烙铁、烙铁架、焊锡丝、松香、剪刀、尖嘴钳、螺丝刀、镊子、万用表和直流稳压电源。

（2）元件测试。

可根据技术参数对元件进行测试，MS01A 硅湿敏电阻的主要技术参数如表 8-2 所示。

表 8-2　MS01A 硅湿敏电阻的主要技术参数

电阻型号	20℃时标称电阻/kΩ			最高工作温度/℃	最高工作湿度/%RH	测湿范围/%RH	最佳测湿范围/%RH	工作条件		
	50%RH	70%RH	90%RH					温度/℃	湿度/%RH	压强/kPa
MS01A	770	40	5.1	100	100	30～100	65～95	0～40	40～90	86.7～106

（3）焊接。

元件在焊接上要遵循"先低后高"的原则，先焊接小元件，后焊接大元件。

（4）检查。

焊接完成后先自查，再让老师检查。

（5）通电调试。

将 R_H 放在干燥的环境中，调节 R_{P1} 使 A_1 的输出为 0V，将 R_H 插入水中，调节 R_{P2} 使 A_1 的输出为 5V，这样反复调节多次后，即可达到要求。

（6）完成实训报告。

实训报告包括任务设计与制作的意义、检查电路设计、制作与调试、检测结果与分析。

五、任务评价

土壤湿度测量电路的制作评价如表 8-3 所示。

表 8-3 土壤湿度测量电路的制作评价

序号	名称	分值	考核点	得分
1	资讯	10	湿敏传感器的特性、检测方法，电路的工作原理，调试方法	
2	计划	20	列出元件、工具、耗材，制定安装流程与测试步骤	
3	实施	40	正确使用仪器仪表和工具，能识别、检测元件，能设计电路布局，焊接、调试电路	
4	报告	15	格式规范、项目分析、实施、过程记录情况，想法、建议	
5	素养	15	态度、工作记录、团队合作能力、5S 管理原则	

六、任务拓展

湿敏传感器广泛应用于军事、气象、工业、农业、医疗、建筑及家用电器等领域的湿度检测、控制与报警。湿敏传感器的应用范围如表 8-4 所示。

表 8-4 湿敏传感器的应用范围

应用领域	应用设备	温度、湿度范围		备注
		温度/℃	湿度/%RH	
家用电器	空调机器	5～40	40～70	空调、烘干机、食品加热、烹调控制、防止结露
	干燥机	5～80	0～10	
	电子炊具	5～100	2～100	
	VTR	-5～60	60～100	
汽车	散热器	-20～80	50～100	防止结露
医疗	治疗器	10～30	80～100	呼吸器系统、空调
	保健设备	10～30	50～80	
工业	纤维	10～30	5～100	制丝、窑业木材干燥、窑业原料、磁头、LSI、IC
	干燥器	30～100	0～50	
	粉体水分	5～100	0～50	
	干燥食品	50～100	0～50	
	电子部件生产	5～40	0～50	
农业	房屋空调	5～40	0～100	空调、防止结露、健康管理
	茶田防霜	-10～60	5～100	
	养殖	20～25	40～70	
气象	恒温恒湿槽	5～100	0～100	精密测量、气象测量
	无线气候监测	-50～40	0～100	

1. 浴室镜面水汽清除器

浴室中的水蒸气很大，无法看清镜子，当浴室的湿度达到一定程度时，镜面会结露，表面产生一层雾气,市场上没有所谓的不结露镜面,而是安装镜面水汽清除器,其结构主要由电热丝、结露传感器、控制电路等组成,如图 8-7 所示。

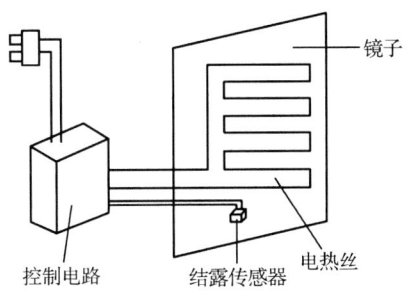

图 8-7　浴室镜面水汽清除器的结构

浴室镜面水汽清除器电路如图 8-8 所示。图中 B 为 HDP-07 型结露传感器,用来检测浴室内空气中的水汽。和 VT_2 组成施密特电路,它根据结露传感器感知水汽后的阻值变化,实现两种稳定的状态。当镜面周围空气湿度变低时,结露传感器阻值变小,约为 $2k\Omega$,此时 VT_1 基极电位约为 0.5 V, VT_2 的集电极电位为低电平, VT_3、VT_4 截止,双向晶闸管不导通,如果湿度增加,使结露传感器的阻值增大到 $50k\Omega$,则 VT_1 导通, VT_2 截止,其集电极电位为高电平, VT_3、VT_4 均导通,触发晶体管 VS 导通,加热丝 R_L 通电,使镜面加热。随着镜面温度升高,水汽蒸发,从而使镜面恢复清晰。加热丝在加热的同时,指示灯 VD_2 点亮,调节 R_1 的阻值可以使加热丝在确定的某一相对湿度条件下开始加热。

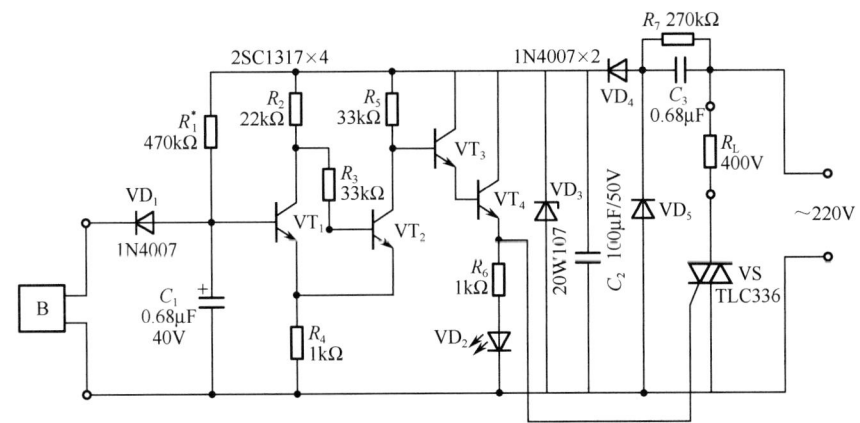

图 8-8　浴室镜面水汽清除器电路

2. 婴儿尿湿报警器电路

利用湿敏传感器制作婴儿尿湿报警器电路,要求能在婴儿尿床几分钟内发出报警声,提醒家长换尿布,有利于婴儿健康。同时可以作为老人尿床和 5 岁以下幼儿生理遗尿的一种生物反馈疗法。

婴儿尿湿报警器电路由湿敏传感器 SM 与 VT_1 组成的电子开关电路、555 时基集成电路与阻容元件组成的延时电路及软封装集成电路 IC_2 组成,如图 8-9 所示。

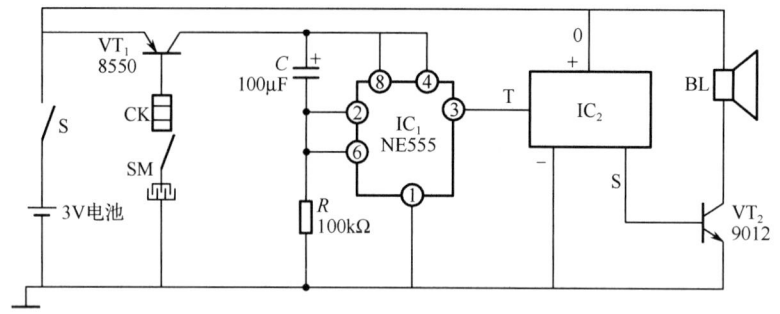

图 8-9 婴儿尿湿报警器电路

平时，湿敏传感器处于开路状态，VT_1 集电极无电压输出，这里的 VT_1 相当于一个受湿度控制的电子开关，当婴儿尿湿尿布后，湿敏传感器被尿液短路，VT_1 导通，其集电极电位升高，延时电路开始工作计时，约 10s 后，IC_1 的 3 脚输出高电平，触发 IC_2 发出报警声，提示家长及时给婴儿更换尿布。电路中设计一个延时接通功能，当婴儿撒尿时，大约 10s 后才开始报警，避免吓到婴儿。

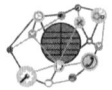【项目梳理思维导图】

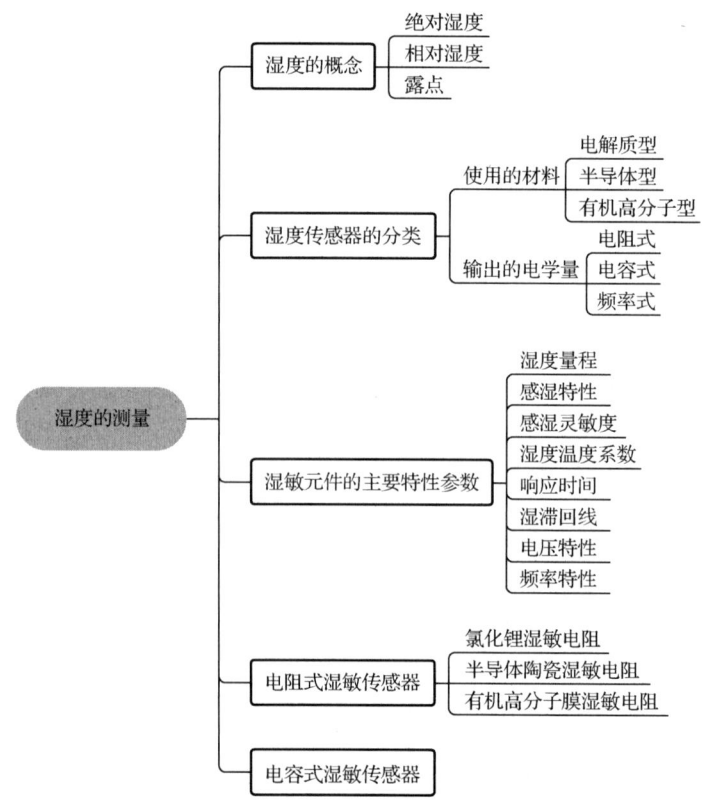

项目 8 湿度的测量

【项目实训】

湿敏传感器实验

一、实验目的

了解湿敏传感器的工作原理及特性。

二、基本原理

本实验采用有机高分子膜湿敏电阻。感测机理：在绝缘基板上溅射一层高分子电解质湿敏膜，其电阻对数与相对湿度呈近似的线性关系，通过电路予以修正后，可得出与相对湿度呈线性关系的电信号。

三、实验器件

湿敏传感器、CGQ-011 湿敏传感器实验模块、电压表、直流电源。

四、实验步骤

注意：本实验的湿敏传感器已由内部放大器进行放大、校正，输出的电压与相对湿度呈近似的线性关系。

1．将主控箱+15V 电源接入传感器输入端，输出端与数字电压表相接。

2．对着湿敏传感器哈一口气，可看到发光管点亮的数目呈上升趋势，同时观察电压表读数变化。

3．待数字稍稳定后，记录下读数，根据传感器标定值，得出容器中的相对湿度。

【项目自测】

1．填空题

（1）湿敏传感器是能够感受周围环境_____，并通过湿敏材料的_____性质变化，将湿度转换成_____的器件。

（2）湿度的表示方法有_____、_____和_____。

（3）根据使用的材料的不同，湿敏传感器可分为_____、_____和_____等。

（4）氯化锂湿敏电阻的工作原理是基于湿度变化能引起_____，使_____发生变化。

2．简单题

（1）什么叫绝对湿度和相对湿度？

（2）分析湿敏传感器的应用领域。

（3）分析图 8-10 所示的湿度检测报警器电路，图中的传感器均为湿敏电阻。

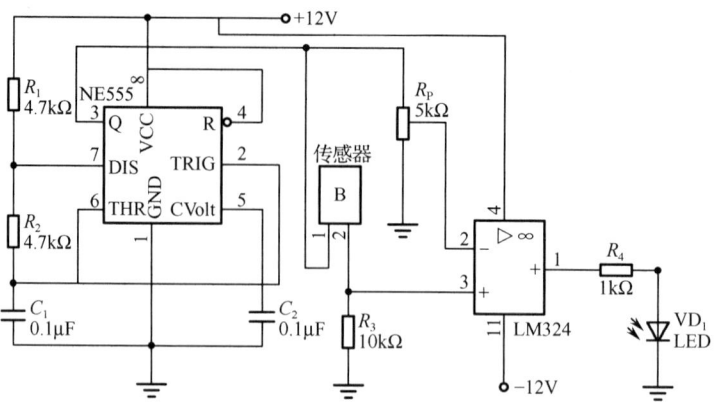

图 8-10　项目 8 自测 1 图

附 录

42 热电阻及热电偶的分度表

参 考 文 献

[1] 强锡富. 传感器. 北京：机械工业出版社，2001
[2] 刘爱华，满宝元. 传感器原理与应用技术. 北京：人民邮电出版社，2006
[3] 郁有文，常键，程继红. 传感器原理及工程应用. 西安：西安电子科技大学出版社，2003
[4] 周乐挺. 传感器与检测技术. 北京：高等教育出版社，2005
[5] 胡向东，刘京诚. 传感器技术. 重庆：重庆大学出版社，2006
[6] 陈杰，黄鸿. 传感器与检测技术. 北京：高等教育出版社，2002
[7] 曲波，肖圣兵，吕建平. 工业常用传感器选型指南. 北京：清华大学出版社，2002
[8] 彭军. 传感器与检测技术. 西安：西安电子科技大学出版社，2003
[9] 王绍纯. 自动检测技术. 北京：冶金工业出版社，1999
[10] 孙建民，杨清梅. 传感器技术. 北京：清华大学出版社；北京交通大学出版社，2005
[11] 刘笃仁，韩保君. 传感器原理及应用技术. 西安：西安电子科学技术出版社，2005
[12] 赵珺蓉. 传感器技术及应用. 北京：高等教育出版社，2010
[13] 王俊峰，孟令启. 现代传感器应用技术. 北京：机械工业出版社，2006
[14] 梁森，王侃夫，黄杭美. 自动检测与转换技术. 北京：机械工业出版社，2008
[15] 何希才. 常用传感器应用电路的设计与实践. 北京：科学技术出版社，2007
[16] 彭学勤. 传感器原理与实训项目教程. 北京：外语教学与研究出版社，2011
[17] 李俊婷. 自动检测技术. 青岛：中国海洋大学出版社，2011
[18] 胡孟谦，张晓娜. 传感器与检测技术项目化教程. 青岛：中国海洋大学出版社，2011
[19] 刘丽华. 自动检测技术及应用. 北京：清华大学出版社，2010
[20] 冯成龙，刘洪恩. 传感器应用技术项目化教程. 北京：清华大学出版社；北京交通大学出版社，2009
[21] 谢志萍. 传感器与检测技术. 北京：电子工业出版社，2016
[22] 常慧玲. 传感器与自动检测. 北京：电子工业出版社，2013
[23] 裴蓓. 传感器与自动检测技术. 北京：电子工业出版社，2015
[24] 吴文明. 传感器原理及检测技术. 北京：航空工业出版社，2015
[25] 殷淑英. 传感器应用技术. 北京：冶金工业出版社，2011
[26] 陈晓军. 传感器与检测技术项目化教程. 北京：电子工业出版社，2014
[27] 王斌，周惠忠. 传感器检测与应用. 北京：化学工业出版社，2022
[28] 俞志根，于洪永. 传感器与检测技术. 北京：科学出版社，2022
[29] GB/T 7665-2005. 传感器通用术语. [S]